愛犬の健康寿命がのびる本

狗家長必備

愛犬一生健康手冊

從醫、食、住三方面，和狗狗快樂生活的祕訣

日本獸醫師、Zero動物醫院院長
長谷川拓哉 著
林以庭 譯

最關心我的人
就只有主人了！

我最喜歡主人了
要永遠健康幸福地
生活在一起哦

透過改變飲食延長健康餘命的狗狗

透過自然療法從血小板減少症中奇蹟般地恢復
玩具貴賓犬——愛麗絲（母）

Before

5 年前（當時十歲）
在被診斷出患有自體免疫性血小板減少症並被告知「只剩 2 個月」後，來到了我的診所。腹部等多個部位出現紫斑（像瘀青一樣的內出血）。

當前腿、後腿及背部的血液循環惡化時，前後腿之間的空間變窄，背部拱起，會變得難以行動自如。

現在的愛麗絲（十五歲）
採用以飲食為基礎的自然療法，一週後，紫斑減少了。持續並逐漸減藥後，奇蹟般地康復了（詳見前言）。

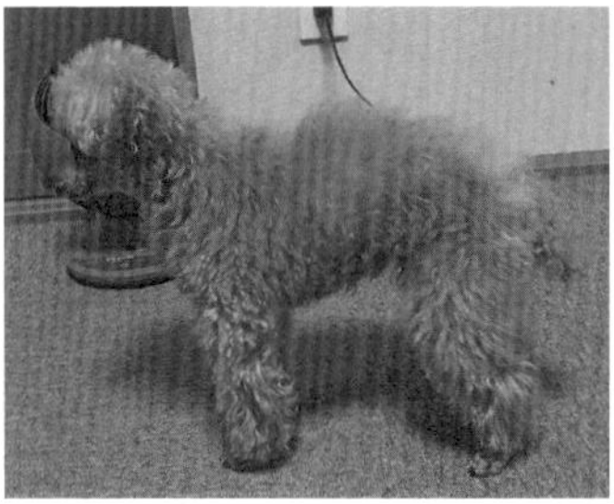

前後腿之間的距離也恢復到原來的樣子，可以舒服自在地行走了。

透過減少藥物和手作鮮食改善慢性胰臟炎和掉毛
博美犬——波羅（母）

Before

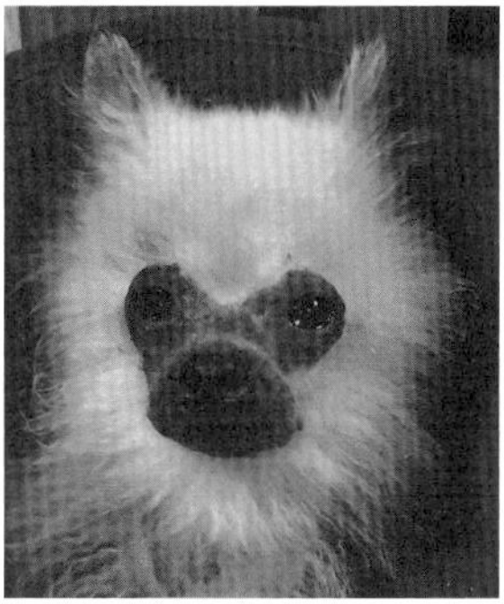

3 年前（當時九歲）
在來我的診所就診前，被診斷出患有「慢性胰臟炎」。前腿骨折時打石膏造成皮膚搔癢，加上止癢藥，長期服用多種藥物。背部和臉部嚴重掉毛，簡直認不出來。飼主表示：「這段時期很難熬。」

中途變化
採用手作鮮食、逐步減少藥物用量，並更換沐浴乳的種類。1 年之內成功停藥，皮膚狀況也有所改善。

After

現在的波羅（十二歲）
會發癢的部分只有腳趾，即便使用類固醇也只是短期的。飼主非常高興地說：「和以前完全不一樣了，今年看起來氣色很好。」

目次

2 飲食——

4 健康管理——自然派獸醫實踐的家庭日常護理

5

最好的臨終關懷——飼主告訴我的三個後悔

前言

如何讓愛犬過好這一生

「醫生，愛麗絲的狀況很不好，怎麼辦怎麼辦！」

有一天，我接到了玩具貴賓犬（母・十歲）愛麗絲的飼主打來的電話。

愛麗絲是我在以前任職的動物醫院看診過的一隻狗狗。由於罹患「自體免疫性血小板減少症」這種難以根治的疾病，其他獸醫表示牠的餘命只剩兩個月。於是飼主找到了我的診所並聯繫了我。

飼主將愛麗絲帶來的時候說，「如果醫生的診斷結果一樣是剩下兩個月的話，我就放棄吧。」

血小板減少症，顧名思義是一種血小板過少的血液疾病。最大的特徵為身體各個部位出現紫斑，紫斑是由於負責凝血的血小板減少，形成像瘀青一樣的內出血。狗狗身體的免疫功能因為某種原因變得異常，並且會破壞自己的血小板，所以有三〇％的狗狗會在發病後死亡。

愛麗絲的肚子上出現了幾塊紫斑。我所熟悉的愛麗絲是健健康康的，得知這件事也讓我很心痛。

愛麗絲當時十歲。而**八到十歲左右的年齡是狗狗的一個轉變期**。對於狗狗來說，八到十歲是會被稱作「高齡」的年齡，過了這個年齡後，罹患疾病的風險會隨之增加。

若狗狗罹患血小板減少症，大部分動物醫院都會開口服類固醇藥物來鎮定免疫功能。使用類固醇確實可以降低內出血的頻率，也具有良好的治療效果。然而，單靠類固醇，延長半年壽命已經是極限。

再加上，這種疾病所使用的類固醇是高劑量型的，藥效很強，持續服用會對肝臟造成負擔，出現目光炯炯、異常過動、體重增加和腫脹等副作用。

我不太希望狗狗長期服用這種藥物，但愛麗絲在來我診所之前，已經服用了一個月。根據飼主的說法，「愛麗絲原本個性溫順，最近好像變了。」

如果只依賴類固醇，愛麗絲就會變得不像牠自己。**我不希望治療只是單純延長壽命，我想從根本上完全治癒**。我是這麼想的。

因此，我必須增加血小板的數量。如果血小板是因為免疫力下降而減少，那麼只要改善血液品質來提高免疫力就好。

於是我建議飼主不要再讓愛麗絲吃乾飼料（作者注：本書中的飼料是指乾糧），改餵牠自製的食物。

「身體是由吃下肚的食物所組成的」。這一點對人類和狗狗來說都一樣。健康的身體具有自然治癒力。你的身體會在無意識中對抗疾病並治癒自己。

當然，狗狗的身體也具備自然治癒力。增強自然治癒力不但可防止疾病惡化，甚至可去除疾病。飲食及其內容對改善身體很重要。除了飲食之外，還可以透過平時的生活習慣和健康管理來提升自然治癒力。

容我先自我介紹。我是新潟縣一家寵物診所的院長，敝診所主張盡量不使用藥物，採用對動物溫和的自然療法。

在我念高中的時候，家裡養的柴犬身體很差，為了想讓牠健健康康的，我立志成為獸醫。歷經兩次落榜，第三次我終於如願以償考上北里大學獸醫學系並入學就讀。

大學畢業後，我在動物醫院任職了十一年。我在一家每年看診件數一千件以上、手術件數八百件以上的醫院從事高度醫療。每一天我都在努力接觸更多病例並提升自己的手術技術。

也就是說，我一直沉浸在以投藥和手術為主要治療手段的西洋醫學中。

在我成為獸醫的第四年，忙得不可開交的時候，我養的狗「利基」罹患了惡性腫瘤。我作為主治醫生，進行了手術並使用抗癌藥物，但腫瘤還是轉移了。我照看著在痛苦中逐漸衰弱的利基直到最後一刻。這是一段非常難受的經歷。

在這種情況下，又發生了另一件事（後文會提到），令我對動物醫院裡司空見慣的藥物使用和手術產生了疑問，於是我開始研究飲食療法和東方醫學。

一點一點地，現在我們可以讓動物在減藥和不動手術的情況下康復。

「要是早點知道，我的愛犬利基是不是就能安然離世了呢？」

深思熟慮後，我決定離開動物醫院，與擔任寵物美容師的妻子一起創業。

讓我們回到愛麗絲的話題。愛麗絲本來食量很小，主食都是乾飼料。在我向飼主指導手作鮮食並開始執行後，飼主向我報告：「雖然是第一次吃，但牠願意吃呢！」

一個星期後再到醫院來檢查時，正常情況下會增加的紫斑並沒有加重。儘管還是讓愛麗絲持續服用類固醇，但我還是告訴飼主：「再嘗試吃一個星期手作鮮食吧。」飼主也很努力。

又一個星期後，紫斑減少了。再過兩個星期，飼主很高興地告訴我：「醫生，情況滿不錯的。」在仔細考量治療進展和身體狀況後，我逐步減少類固醇的用量。

最後，愛麗絲熬過了餘命兩個月，變得更加有精神，可以出去散步，也可以自己玩玩具了。

牠透過本書接下來要介紹的**以飲食為中心的自然療法，奇蹟般地康復**了。

愛麗絲現在都已經十五歲了！雖然是一隻上了年紀的老奶奶狗狗，但是到現在都還在玩球呢。

這隻狗狗活力充沛，很難想像牠在十歲時被診斷出餘命只剩兩個月。飼主還很開心地表示：「吃手作鮮食好像讓牠變年輕了。」如果當時繼續接受常規治療，現在的愛麗絲就不存在於世了吧。

飼主們按照診所的指導進行居家護理後，經常給予我們諸如「毛髮變得更有光澤」、「變得更有精神了」的反饋。而且我最切身感受到的是，**與同年齡的狗狗相比，眼睛裡的光輝是不同的。健康有活力的狗狗，眼睛是又黑又明亮的**。

希望能和愛犬在一起的日子越長越好。而且，要是健健康康又長壽的——這是每位飼主的心願。

想要延長「健康餘命」這一點，人類也是一樣的，但如果是壽命比人類還要短的狗狗，那就更重要了。在這本書中，我將談論我在診所裡實踐的，真正讓狗狗開心的「醫」、「食」、「住」。

這些都是飼主做得到的事，所以請大家一定要嘗試看看。願每一位讀者與愛犬的歡樂時光，能長久持續下去。

獸醫師、寵物診所Zero院長　**長谷川拓哉**

1

現在還來得及！延長狗狗健康餘命的新常識

新常識❶

主食優缺比一比

你都餵狗狗吃什麼呢？

統計顯示，七〇%的飼主餵他們的狗吃寵物食品。

事實上，如果去寵物店或大賣場的寵物食品區，你會發現寵物食品種類繁多，甚至可以按照年齡、疾病、犬種來分類。

普遍來說，大家會認為比起飼主親手製作的食物，提供均衡營養的寵物食品對健康更好。市面上不斷推出許多優質的寵物食品，多到讓人難以決定要選擇哪一種。不用花費時間就可以輕鬆準備，的確很方便，我也沒有要完全否定寵物食品。

但是，你知道嗎？和販售給人類的食品不同，**寵物食品並不是「食品」**，而

是被歸類在「雜貨」裡。

當然，就算被視為「雜貨」並不代表所有寵物食品都是劣質的，不過這些食品並無與人類食品同等的管制。

其中也有使用不用於人類食品的劇毒添加劑，或是使用超過食品添加物容許量的添加物。

東京農工大學所發表的《犬貓長壽相關因素的流行病學分析》論文，將長壽犬及長壽貓分為一組，而將五～九歲之間去世的犬貓分為另一組。如果鎖定調查中的「飲食」項目，會發現長壽組和早逝組在回答「餵食寵物食品為主」的比例上沒有太大差異。

但**長壽組回答「只餵食寵物食品」的比例較低，而回答「手作鮮食」的比例較高**。該調查得出結論：「雖然不能斷言寵物食品對狗的健康有害，但手作鮮食對健康更好。」

重新審視飲食

「高級狗飼料」也是飼主們經常誤解的東西之一。乾飼料並不是越昂貴越高級，或越便宜越糟糕，這也是寵物食品令人傷腦筋的地方。

其實有些來看診的狗狗平時吃高級飼料，但膚況變得很糟，甚至引發腹瀉，把乾飼料換回便宜的品牌又恢復正常了。這種真實案例也不少。

我並沒有要責怪飼主的意思。願意花錢買高級食品一定是為寵物的身體著想，但這卻可能會對狗狗的健康造成傷害。

損失的不只是健康，還有錢。

飼主不假思索地認為對寵物好就餵食的東西、沒什麼特別考量就隨興使用的東西，不僅損害健康又白花錢，我稱這種情況為「寵物浪費」。不瞞各位，「寵物浪費」正是敝診所（寵物診所Zero）發明的詞，用來為飼主們敲響警鐘。畢竟狗狗的醫療費用逐年上升是一個不爭的事實。

照這樣下去，醫療費用只會隨著狗狗的年齡增長而不斷增加。

我相信**只要重新審視「飲食」就能減少寵物浪費**。

只餵食乾食的隱憂

很多人都知道，腸道和免疫力息息相關。

我們常常聽說，腸道中存在許多免疫細胞，腸道健康的話免疫力就會好，健康壽命的關鍵在於腸道環境等。不光是人，狗也是一樣的。

調整腸內環境，就不容易生病。

因此，最重要的還是「飲食」。**在進入高齡期之前就開始吃各種食物，是健康長壽的祕訣**。

此外，在先前提及東京農工大學的論文中，比較了「只吃乾飼料」、「乾飼料和手作鮮食都吃」、「只吃手作鮮食」這三種飲食方法，哪一種情況的動物最為長壽。調查結果顯示，長壽組吃手作鮮食的比例較高，顯然「在飲食方面提供手作鮮食」的情況壽命更長。

從我的角度來看，這合情合理。雖然乾飼料的種類繁多，但大多數都含有玉米等大量穀物。

所以，我們很容易就可作結，「**比起持續讓這些乾燥的穀物進入腸道，吃含有豐富水分的肉類或蔬菜，明顯對腸道環境會更好**」。如果腸道環境獲得改善，將會對免疫力產生正面影響，進而延長健康餘命。

延長狗狗健康餘命的是手作鮮食。究竟該給狗狗吃什麼樣的食物，我會在第二部分詳細介紹。

新常識❷

隱性缺水，高齡犬好發疾病的主因

手作鮮食的優點之一是「能攝取比乾飼料更多的水分」。

尤其是八歲以後的高齡犬，經常存在「隱性缺水」的問題，攝取水分是非常重要的事。

大家有意識到自己飼養的狗狗有缺水的問題嗎？

「狗狗要是渴了就會自己喝水，所以沒關係。」

「喝水是動物本能，不喝就是身體不需要。」

有些主人可能會這麼想，但根據我的經驗，有很多狗狗是不怎麼喝水的。

最理想的狀態是「多多運動，口渴了就會主動喝水」，但這太理想。

狗狗是不是正常生活、正常散步，就一定會想攝取水分呢？其實並非如此。

謝謝你
為我的健康著想！
手作鮮食比起飼料含有更多水分，可以防止脫水，對腸道環境也有益處汪！

汪汪醫生

從狗狗的角度來看，牠們當然是沒有「水分不足」的概念的。對於成犬來說，缺乏水分不是太嚴重的問題，但在邁入高齡期後，體力開始下降，很容易就顯現出水分不足的影響。

就像人類步入高齡後，因為中暑而暈倒的人會增加一樣。明明體內的水分嚴重不足，「不渴就完全不喝水」的案例也很多。這種情況也會發生在狗狗身上。

除了自己的診所之外，我平時也會在設有夜間急診的動物醫院看診。

一天晚上，一隻中型的米克斯狗狗（十二歲・公）出現抽搐症狀前來就診。由於狗狗已經是高齡犬，所以做了血液檢查，但內臟沒有發現任何問題。不過，我在血液檢查中發現牠的血液循環很差，詢問飼主狗狗的水分攝取量時，得到了「牠平時不怎麼喝水」的答案。

脫水的徵兆有好幾種。

首先，你可以站在狗狗的後面，捏一下牠脖子周圍的皮膚。這時，如果被捏住的皮膚沒有自然滑落的話，那就有可能是脫水了。

接下來，檢查狗狗的眼睛是否乾燥。檢查眼睛是否乾燥，不是要查看有沒有乾眼症的症狀，而是要觀察狗狗眼睛裡的光輝。

當眼睛很溼潤的時候，甚至可以清楚地倒映出房間裡的日光燈。如果眼睛不夠溼潤，日光燈看起來就是歪斜而模糊的。

還有一個最直接的徵兆，就是口腔內部乾燥。人類也是如此，如果口腔乾燥，唾液就會變得黏稠。觸摸牙齦時，會有種手指黏在上面的感覺。或許很少會有飼主用這種方式確認，但這是最易於判斷的徵兆。

當狗狗發生抽搐時，透過打點滴補充水分的話，是有機會恢復的。當然也會根據必要性開立治療抽搐的藥物（與我的診所不同，在夜間急診醫院基本上是開立藥物的）。

當時我是在夜間急診看診，所以為狗狗開立了治療抽搐的藥物，但透過打點滴補充水分後，牠的症狀就有所減輕，可以平安回家了。

尿液中的脫水跡象

剛才談到一些關於脫水時的徵兆，但更重要的是不要忽視脫水前的跡象，並有效預防脫水。

飼主可以自行檢查的初期階段徵兆，是尿液的顏色。如果尿液是淡黃色就沒有問題。脫水時，尿液顏色會變深，變成接近小麥色。不過，每隻狗狗情況不同，有些狗狗會積了一些尿才排出來。這些狗狗的尿液顏色就會比較深，所以不好判斷。

如果尿味太重，有可能是罹患膀胱炎了。本來，穩定頻率的排尿還是最為理想的。

以人類來說，我們會將排尿量減少視為脫水的徵兆。但如同我剛才說的，積尿後再排放的狗狗的排尿量會比較多，所以不能以排尿量多寡一概而論。

水分不足的可怕之處在於有可能會導致腎臟疾病。

我們往往會認為貓咪比較容易罹患腎臟疾病，事實上狗狗的患病機率也不低。通常會在十～十一歲左右發現。

腎臟一旦不好，體內就容易堆積廢物，可能會因此引發皮膚病或心臟病。這樣的話，自然也會影響到壽命。

或許有的飼主會說：「我也知道攝取水分很重要，但我家狗狗總是不喝水。」

我會在第二部分介紹如何讓狗狗開開心心地喝水。

新常識❸

為什麼要散步？

如果我說**散步≠狗狗有運動**，大家會很驚訝嗎？

或許有很多飼主天天遛狗是為了讓狗活動身體、緩解壓力、促進排泄。但狗這種動物是非常渴望「做點什麼」的。狗狗和人類一樣，有需求層次，而較優先的是「生命安全」和「飲食」。而僅次於這些的有「運動」、「探索活動」、「領土活動」等。

有一派說法認為，**散步一定要滿足「運動」、「探索活動」和「領土活動」這三種需求**。在散步途中東聞西聞，這是最容易理解的「探索活動」。而「運動」指的不只是單純散步，而是扔球和跑去撿球這種大幅度的動作。

雖然在城市裡要做到這些事有些困難，但如果不在週末帶牠們去寵物公園等地方活動身體，就無法滿足狗狗的真實需求。

當然，這並不代表散步根本不算是運動，我認為散步更大的意義在於加深飼主與狗狗之間的連結。

在第三部分中，我會再討論關於散步的事。

因散步而改善的消化系統

散步的好處還有很多。日本臨床免疫學會發表了一篇關於小豬飼養方式和腸道菌群的論文。

將小豬的飼養方式分為「在室外自由飼養」、「在室內飼養」、「隔離在單間，每天餵食抗生素飼養」三種，並觀察腸道菌群的變化。結果，飼養在室外的豬隻的腸道菌群處於最佳狀態。九成的腸道菌群對健康都是有益的。其次是室內飼養的豬，最後是餵食抗生素的豬。

這對狗狗來說也是一樣的吧？當然，我並不是在鼓吹放養。比起一直待在室內，適當地出去散步，多接觸一下外界環境，對腸道環境會更好。首先，狗狗在散步途中會東聞西聞。在聞草或土壤的味道時，微生物等會直接進入鼻子。

免疫力是在哪裡產生的呢？就是黏膜。

鼻子和腸道都是黏膜。正如我先前提到的，免疫細胞和腸道是息息相關的。**如果微生物和各種細菌經過鼻子的黏膜進入體內，可以想像腸道細菌也會受到影響**。所以，適度帶狗狗出去散步是有助於提高免疫力的。

遛狗是為了讓狗狗運動、減輕壓力——這種想法也沒有錯。然而，「接觸外界環境」本身對狗狗的健康餘命是有意義的。

新常識❹

當主人，不如當家人

有人認為，在管教方面要建立明確的主僕關係，才不會讓狗狗變成狗老大。比方說，「不要和狗狗一起睡覺」、「不要讓狗狗和家人（人類）一起吃飯」、「家人吃完飯再給狗狗吃飯」、「散步時不要讓狗狗走在前面」等，但我並不這麼認為。

我們會說「同住一個屋簷下」。對於飼主來說，狗狗是「家人」。不同於昔日，現在已經很少人會把狗窩放在庭院、把狗狗養在室外，大多數人都把寵物當作家裡的一分子。

所以同食共寢的這種關係就很珍貴了，狗狗可以和我們一起吃飯，也可以一起睡覺。雖然正反論點都有，但既然可以加深飼主與愛犬之間的關係，無論是對人類還是對狗狗，都有正面效果。

據說，當母子對視時，會分泌一種叫做「母愛荷爾蒙」的催產素，讓你更愛對方，形成深厚的連結。麻布大學獸醫學院的另一項研究表明，人與狗之間存在同樣的情況。

當飼主和狗狗對視時，彼此都會分泌催產素。隨著催產素上升，狗狗會試圖增加與飼主進行眼神交流的行為。

分泌催產素時，可以增強免疫力並預防傳染病、還具有提升記憶力和改善心臟功能等作用，進而延長健康餘命（彼此都會！）。例如，據說老年人和寵物待在一起比較不容易罹患失智症；兒童和狗狗待在一起可以促進智力發展，這些都是受到人和狗狗之間的無形情誼影響的吧。

目前確實是沒有明確的證據表明，飼主和狗狗同食共寢可延長健康餘命。但既然有報告指出，透過眼神交流分泌催產素有助於健康，我相信，**飼主和狗狗作為彼此的家人加深親情的話，就可以延長健康餘命**。

在第三部分中，我將介紹有助於延長狗狗健康餘命的生活習慣。

想跟主人一起睡覺。

我會一直在你身邊。

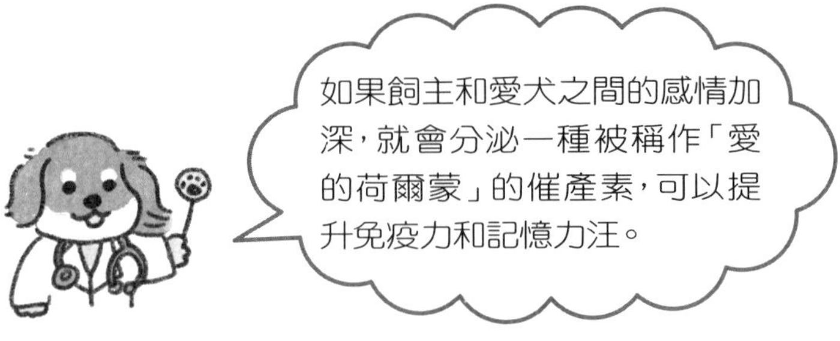
如果飼主和愛犬之間的感情加深，就會分泌一種被稱作「愛的荷爾蒙」的催產素，可以提升免疫力和記憶力汪。

新常識❺

口腔健康，常被疏忽的毛孩長壽關鍵

在提到狗狗的健康餘命時，最不能遺忘的是牙齒的健康。

就像有很多人罹患牙周病一樣，狗狗罹患牙周病的情況也在增加。如果覺得狗狗的口臭很嚴重，那就有可能是牙周病！

如果不及時治療，牙周病細菌會導致心臟、肝臟、腎臟等嚴重的內臟疾病。

與人類一樣，牙齒的健康關係到全身的健康。

口腔健康的話就可以長壽。

☆狗狗的口腔比人類的更容易患病

狗狗不像人類有天天刷牙的習慣。「即便是天天刷牙的人類都會產生牙結石了，那沒有做牙齒護理的狗狗會怎麼樣呢……往牠的嘴裡一看，一大堆牙結石！」這種情況也不少見。

而且，與人類相比，狗狗的嘴裡更容易留下食物殘渣，牙垢變成牙結石的速度也比人類還快。如果不做任何清潔，三～四天就會形成牙結石。

牙結石顧名思義就是像石頭一樣牢牢地黏在牙齒上，無法透過普通的維護方法去除。那樣的話，就需要進行去除牙結石的處理。

為了徹底去除牙結石，需要進行全身麻醉。這本身已經是一件大事了，就算在全身麻醉下可完全去除牙結石，也難免會在牙齒上留下細小的劃痕。然後，有劃痕的地方就很容易再次堆積牙垢。

牙齒問題在高齡犬中尤其常見。高齡犬使用全身麻醉進行治療會對身體造成負擔，飼主也會很擔心吧。況且，狗狗也要盡量避免進行一次又一次的全身麻醉。在這種情況發生之前，我們應該為狗狗做好日常的牙齒保健。

話雖如此，也常常碰到飼主向我抱怨：「我家狗狗超討厭刷牙」、「想幫牠刷牙就會被咬」。如果在家裡很難幫狗狗做牙齒護理，我們獸醫可提供建議或協助護理。但是，能夠天天為狗狗做牙齒護理的人就只有飼主了。即使做不到完美也沒關係，請大家試著在家裡為狗狗做一些牙齒護理吧。

在第四部分中，我將介紹如何做好包括牙齒護理在內的居家護理。

2

飲食

狗狗也喜歡！
增強免疫力的特效食物

我研究飲食療法的起點

雖然我現在才推薦餵狗狗吃手作鮮食，但正如我在前言中提到的，我本來一直沉浸在西洋醫學中，過著忙碌的日子，老家養的狗狗也都只吃乾飼料而已。

讓我體認飲食重要性的契機是——當時一歲的兒子住院了。

他感冒加重，併發支氣管炎，住進了當地綜合醫院，接下來症狀遲遲不見好轉，最後被救護車轉送到另一家醫院。雖然後來平安出院了，但主治醫師告訴我們：「這孩子會得氣喘的。」

雖然我們遵從醫囑持續讓兒子服藥，但過了幾個月，我兒子仍然經常咳嗽。「難道要吃一輩子的藥嗎？」我和妻子都陷入了深深的自責中。同時，我們轉為思考：除了繼續吃藥以外，還有沒有其他方法可以改善呢？

我的妻子找到了一種方法，那就是飲食療法。於是，我的妻子開始努力學習，改變以往的思維模式，徹底地重新檢視兒子的飲食和生活習慣並進行改善，兒子的症狀很快就改善。

看見兒子的變化讓我的想法完全轉變了。

吃下肚的東西造就了你的身體。

改變飲食就可以變得更健康。

當我深切體會到了這一點，我就想，人類的這一套理論是不是在動物身上也說得通呢？

腿疾也能藉飲食調整來改善

事實上，我見過一些狗狗在改變飲食習慣後，身體狀況變得更好了。

這是在我開設診所之前碰到的事。當年我還在動物醫院工作，只有向經常聊天或關係比較好的飼主推薦手作鮮食。

當時的狗狗是一隻十三歲的米格魯。

狗狗年紀大了，體重又重，所以罹患了關節炎以及甲狀腺功能低下症（甲狀腺素分泌不足，而引起精神不濟、疲倦、皮膚增厚、掉毛、肥胖等症狀）。

於是我向飼主提議改餵食手作鮮食，飼主也很用心地準備。

不久後，狗狗的體重減輕，關節炎症狀消失，腿部狀況也改善了。因此順利減少服用甲狀腺藥物，最後我甚至都不需要再開藥了。

換句話說，**狗狗改變飲食後，恢復精神，變年輕了**。當時，我切身感受到「光是改變飲食居然就有這麼顯著的成效！」，這個體驗也是讓我決定開始大力推廣手作鮮食的初始起點。

愛犬是最好的營養學教科書

在狗狗的飲食中，營養素和水分是很重要的。

我徹底意識到，不管是狗狗或貓貓，都和人類是一樣的，營養素（即飲食）對牠們來說很重要。於是我開始學習寵物食育，並一點一點實踐。

儘管如此，剛開業的時候，並沒有多少人認同我的理論。

何謂「美味」的食物？

以乾飼料為主食的狗狗，其水分攝取量本來就相當低。或是許多狗狗就算喝下很多水，身體也沒有確實吸收。

與此同時，**還缺乏維生素和礦物質**。在人類的營養學中，有五大營養素。五大營養素指的是蛋白質、碳水化合物、脂質、維生素和礦物質。

最近再加上膳食纖維，被稱作是六大營養素。而我們需要維生素和礦物質來代謝蛋白質、碳水化合物和脂肪等作為能量來源的營養素，這些對狗狗來說也是同樣必要的。

雖然狗狗屬於雜食性動物，但牠們的祖先是肉食性動物的狼（有諸多說法）。狼會獵食綿羊、山羊和兔子等草食性動物。當狼抓到獵物時，會先吃掉整個腹部的內臟，如胃或腸子等。

也就是說，雖然狼本身是肉食性動物，但牠們會透過吃草食性動物的內臟，來攝取維生素和礦物質。以前的狗狗就是這樣解決營養不良、缺乏維生素和礦物質的問題的。

當然，一般的乾飼料中也含有維生素和礦物質，但我認為光是這樣還不夠。根據某些標準，添加到飼料中的營養素含量是固定的。這個份量不會引起營養不良等重大問題，但和吃完整的天然食材或烹飪各種食材的手作鮮食相比，乾飼料中所含的維生素和礦物質的數量及種類都遠遠不足。

本來乾飼料就是將各式各樣的原料混合在一起，再加熱乾燥製成的。

乾飼料中含有的水分必須維持在一〇%以下，才能夠確保品質。也因為這個條件，大部分的水分都流失了，而營養素是在這個乾燥過程中添加的。想到這裡，就會產生一個疑問：營養素真的能發揮作用嗎？我想一定會有人持反對意見，但就像我在前言中介紹的愛麗絲一樣，看到現實生活中有狗狗因為食用手作鮮食而恢復健康時，我們不得不認同手作鮮食的重要性。

但是，每當我談到手作鮮食時，常常會有飼主很擔心地問我：「吃手作鮮食很難保持營養均衡吧？」

標榜「綜合營養配方」和「均衡營養配方」的乾飼料中含有均衡的營養素。用人吃的東西來比喻的話，乾飼料就是能量棒這一類營養調整食品的概念，這樣是不是比較好理解呢？

相較之下，手作鮮食補充的營養並不像乾飼料這麼多。

但請大家仔細想一想。你在煮飯的時候總是有考量到完美的營養均衡嗎？你每天營養攝取量都有符合標準嗎？

對於這個問題，我想很少有人可以自信地回答：「有，我每天都有好好計算並攝取營養。」說到底，營養不單單只是一串數字，並不是多攝取蛋白質、多補充鈣就好了。就像每個人所需的營養素都不盡相同一樣，狗狗們也有各自的營養需求。

換句話說，所謂的營養均衡對於每個人（每隻狗）都是不一樣的。

再讓我問大家一個問題，「你每一餐吃的都是一樣的東西嗎？」

我想，人類都會想吃美味的食物。其實狗狗在吃各種新鮮食物的時候也會有「好吃」的感覺。

比起乾燥後不易腐爛的食物，**新鮮的食物進入身體也會更容易接受吸收**。

人類吃對身體有益的食物可以保持健康。

如果狗狗吃的食物對身體有益，牠們也可以活得更久、更健康。

人類和狗狗的身體結構沒有太大的區別，所以我們應該放下「只有乾飼料對狗狗身體有益」的偏見。

就算沒有獲得完整的營養，從長遠的角度來看，最後還是能攝取多種營養並保持均衡，這樣就足夠了。

當然，如果真的很在意營養均衡，也可以繼續餵食乾飼料。盡量準備手作鮮食或是在乾飼料中加進一些手作鮮食，可以先從自己能力範圍內的事情開始嘗試。

在食物中加入脂質

我們對於油的認知不斷地在改變。以人類來說，像從前那樣認為「油＝變胖」的人應該越來越少了吧。最近人們開始意識到「好油」在健康方面和美容方面都很重要。

狗狗的情況也完全相同，狗狗和人類一樣，也需要好油。

油又分成動物性和植物性。動物油大量存在於肉類、乳製品、奶油、豬油、牛油等。植物油又分成亞麻仁油、荏胡麻油、橄欖油、大豆油、米糠油、芝麻油等。

動物油當然是動物生存所必需的，但植物油也是必不可少的。

脂肪酸是組成脂質的主要成分，分為飽和脂肪酸與不飽和脂肪酸。大部分動物油都是飽和脂肪酸，易於作為能量使用，可以在體內合成。另一方面，大部分植物油是不飽和脂肪酸。不飽和脂肪酸又進一步分為單元不飽和脂肪酸（Omega-9脂肪酸）和多元不飽和脂肪酸（Omega-6及Omega-3脂肪酸）。

典型的油劃分如下：

Omega-3　亞麻仁油、荏胡麻油、青背魚的油（EPA、DHA）
Omega-6　玉米胚芽油、大豆油、葡萄籽油
Omega-9　橄欖油、芥花油（菜籽油）、米糠油、紅花籽油

人體無法自行合成Omega-6和Omega-3，只能從食物中獲取，所以又被稱作必需脂肪酸。其中最重要的是Omega-3脂肪酸，**狗狗和人類一樣，是需要攝取含有Omega-3的油的**。

理由和人類一樣，富含Omega-3的油具有抑制炎症及改善免疫力的作用。另外，據說還有降低血液濃度和抑制癌症的作用。

此外，脂質是構成細胞膜的主要成分。食用好油會讓細胞膜變得柔軟而堅韌，幫助吸收對身體有益的東西，而不積累對身體有害的東西。換句話說，可以讓細胞變得很健康。

所有器官和皮膚都是由一個一個的細胞組成，細胞如果健康，就可以修復器官和皮膚。

不僅如此，**大腦也需要油**，**所以攝取優質的油**，**有助於減緩腦部退化疾病**。

當然，乾飼料裡也含有油，許多飼料也都添加了Omega-3脂肪酸。

但正如我先前提到的，因為在製作過程中經過加熱，無法確認食材的新鮮程度，甚至不能確定狗狗吃下肚以後是不是能夠吸收。

那要怎麼做才能讓狗狗確實攝取Omega-3脂肪酸呢？

其實不用想得太複雜。只要在手作鮮食裡加進青背魚類就足夠了，像是鮭魚。

此外，Omega-3和Omega-6之間的平衡很重要，大多數情況都是嚴重缺乏Omega-3。因此，每天一點一點地攝取是很重要的。

要天天吃魚可能有困難，所以可以每天在手作鮮食裡淋上一茶匙的Omega-3油。

但是，因為Omega-3油很容易氧化，建議盡量新鮮食用，並且不要加熱。

請記住，在狗狗吃飯之前，稍微淋一點點就可以了。

製作鮮食的新手須知

現在就來和大家分享，我教飼主們親手做給毛小孩的料理吧。

狗狗可以吃米飯嗎？

很多人一聽到「手作鮮食」會覺得這非常講就，但實際上做起來出奇地簡單隨興。

穀物：肉或魚：蔬菜＝1：1：1

請讓狗狗按照這個比例進食。簡單來說，就是一種「雜炊粥」的概念。

雜炊粥的優點是水分豐富。以自製的雜炊粥來說，水分高達八成，因此可以有效攝取水分。此外，食材在煮沸的過程中軟化，變得易於消化，也不會對腸胃造成負擔。

還有一個優點是加熱時會散發出氣味，讓狗狗更容易感受到美味。

我之前也提到過，狗狗並不是肉食性動物（但貓咪是）。由於狗狗是雜食性的，你可以餵牠們吃米飯和蔬菜。

說到手作鮮食，有些人傾向以肉為主食。為什麼不要以肉為主食呢？因為肉和魚等蛋白質需要時間消化，會導致營養失衡。

許多乾飼料的成分都以穀物為主，對於經常吃飼料的狗狗來說，腸胃已經習慣消化穀物。如果一下子餵太多肉，胃腸會因為從來沒吃過這樣的食物而嚇一跳。

經常有人問我：「**餵狗狗吃飯（米）會變胖吧？**」

米飯吃多了確實會發胖，但如果遵循著1：1：1的原則，就不會給太多，所以沒有關係。

畢竟沒有野生動物會吃米飯，所以有些飼主對於要餵狗狗吃米飯有些抗拒。這種情況下，可以不要餵米飯，只餵肉、魚和蔬菜也可以。

我的觀點是「狗狗可以和人類吃一樣的食物」。大多數日本人都吃米飯，對吧？那我認為狗狗也可以吃。米飯是日本人熟悉且易於消化的食物，所以餵米飯也是ＯＫ的。

基本上不需要額外調味，肉、魚和蔬菜的湯汁對狗狗來說就足夠美味了。

如果不用食鹽而是未經加熱自然曬乾的鹽的話，會含有豐富的礦物質，所以可少量使用。

味噌也是一樣的。至於醬油，最好選用不含添加劑，注重製造方法的產品。我也很推薦鰹魚乾和小魚乾。

無論如何，願意「吃」才是重要的。或許狗狗一開始會不太願意吃，但請飼主們不要放棄，繼續努力。

肉或魚
穀物
蔬菜

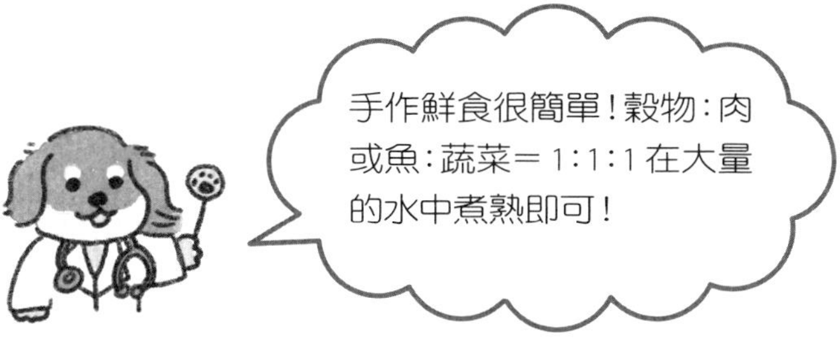
手作鮮食很簡單！穀物：肉或魚：蔬菜＝1:1:1在大量的水中煮熟即可！

狗狗的四大地雷食物

接下來要和大家聊聊狗狗可以吃的食材和應該避免的食材。由於狗狗是雜食性動物，所以不能吃的食材其實很少。

經常有飼主問我：「我可以餵狗狗吃菇類嗎？」或「狗狗可以吃海藻類嗎？」通通ＯＫ。菇類和海藻類富含膳食纖維，可能會比較不好消化，這種情況只要切成小塊再餵食就可以了。

也有狗狗只吃特定的手作鮮食，像是只吃雞肉、白蘿蔔和胡蘿蔔，或是只吃豬肉和小松菜。雖然有飼主擔心這樣會導致營養失衡，但其實牠們是很健康的。

不過，就像人類一樣，狗狗每天吃同樣的食材也是會膩的。可以一點一點改變配菜，像是把胡蘿蔔換成花椰菜，把小松菜換成小白菜或高麗菜等。

以人類來說，如果持續吃同樣的蛋白質較容易引發過敏，但根據我的經驗，狗狗不會有這種情況。只不過，肉類或魚類等蛋白質，最好是交替選用。

我列舉幾個飼主應該避免使用的食材：

- **韭菜、大蔥、洋蔥等**（可能會引起貧血。有危及生命的風險，不可餵食。）
- **巧克力**（有些狗狗會被甜味吸引而當作零食吃。少量食用沒有問題，但多吃可能會引起心跳加速、顫抖、抽搐等症狀。）
- **刺激性強的食物或香辛料**（吃了會刺激腸胃，引起嘔吐和腹瀉。千萬不要在手作鮮食中加入調味料或撒胡椒粉。）
- **不易消化的食物，魷魚、章魚、螃蟹、蝦等甲殼類**（營養豐富，不嚴禁食用，但較難消化，所以若要餵食請少量並切成小塊。）

水果可以當作零食或獎勵給予。梨子、蘋果、橘子、柿子、草莓等，很多狗狗吃得津津有味。

唯一要注意的是水果裡面的種子。以前曾經有過誤食水蜜桃種子的例子。草莓之類的小種子倒是還好，但像水蜜桃種子這麼大，可能會隨著糞便排出體外，但仍有卡在腸道裡的風險。有異物卡住會導致腸阻塞，就必須動手術了。

狗狗的年輕密碼

「那份量該給多少才好呢？」

有些飼主會感到不知所措，因為手作鮮食不像乾飼料有明確標示根據體重給予多少公克。但手作鮮食的原則也很簡單。

請想像一下自家毛小孩戴帽子的模樣。那頂帽子的大小就是一次手作鮮食的份量。

基本上是建議早晚各餵一次，但也沒有一定要限制在這個份量。以「大約」、「差不多」的感覺去做就可以了。這麼說的理由是，如果被公克數束縛住的話，會給飼主帶來心理上的負擔。「維持做手作鮮食的習慣」才是最重要的，所以最好的方式，就是沒有壓力地長時間持續下去。

如果你是手作鮮食的新手，或是擔心狗狗不適應換食的過渡期，那你可以先在乾飼料裡加入一點作為配料。等到狗狗習慣了再慢慢增加手作鮮食的份量。

至於份量的部分，稍微多一點或少一點都不用放在心上。如果覺得餵太多了，隔天就給少一點；如果覺得餵太少了，隔天就給多一點，只要以長遠的角度來調整一下就可以了。

持續餵食這個份量一、兩週，如果體重下降的話，就稍微增加一點份量。如果要增加份量的話，最好是增加肉類或魚類等蛋白蛋的比例。反過來說，如果體重上升了，則要增加蔬菜的比例。

如果早晚各準備一餐會有負擔的話，可以早上吃乾飼料，晚上吃手作鮮食，甚至一週只吃兩、三天也沒關係。時間充裕的時候再這麼做就可以了，哪怕只有週末準備也無妨。

手作鮮食可以配合人類煮飯的時間點一起準備，這樣負擔就會減輕一些。**想像成把人類的食物分給狗狗一小份就可以了**。

家中有小寶寶的人可能會有類似的經驗，我們在準備嬰兒副食品的時候，也是從大人的食物裡分一些出來的。就和這個是一樣的感覺。

有些人會擔心開始手作鮮食會花費很多錢，**但其實低脂健康的雞胸肉便宜又好吃，我很推薦給大家**。可以在煮飯的時候順便準備，食材也沒有特別昂貴，所以是不會造成飼主們的負擔的。

請大家在經濟許可的範圍內維持下去吧。而且，如果狗狗因此變得更健康、生病機率降低，也可以為飼主節省寵物的醫療費用呢。

如果可以告別乾飼料並**持續食用手作鮮食，你的愛犬也會看起來更年輕的**。這代表老化的速度正在減緩。

經常有餵手作鮮食的飼主告訴我：「當我告訴別人狗狗的真實年齡時，對方都會很驚訝地說：『看起來很年輕呢。』」

不光是外表而已，行為也會出現變化。常常有人跟我分享「狗狗變得更有精神了」、「狗狗願意去散步了」。

因為身體健康才能運動、才能散步。而因為可以運動，所以才能保持健康。

也因此可以延長狗狗的健康餘命。

Zero式手作鮮食要點（總結）

- 做法很簡單！
  以穀物：肉類或魚類：蔬菜＝1：1：1為基礎，也可以做些變化。
- 用大量的水煮熟，做成雜炊粥風格來補充水分。
- 肉類和蔬菜煮出來的湯汁就已足夠，基本上不需要額外調味。
- 不需要計算熱量，外觀看起來很均衡就OK。
- 一次份量相當於狗狗可以戴的帽子的大小。早晚各一次。
- 配合人類煮飯的時間點一起準備，當作一種分食的概念。

- 營養均衡要以長遠的角度來看，吃各式各樣的食物來保持營養均衡。
- 可以長期維持更重要，頻率和方式都以不造成負擔的形式為主。

讓愛犬開心補水的妙招

想要延長健康餘命，充足的水分攝取是不可或缺的。

儘管如此，有些狗狗不愛喝水也是事實。就算水喝得少了一點，狗狗也不會馬上出現身體上的狀況。但水是生存的必要條件，也是新陳代謝所必需的。如果一兩天不喝水，就會危及生命。

「狗狗畢竟也有動物本能，如果牠不喝水就是牠不想喝而已吧。」這樣的想法是很危險的。野生動物或許會因為身體需要就自發地去喝水，但被當作寵物飼養的動物其實更像人類。

只要在室內長時間暴露在空調的風中，水分就會流失。也就是說，我們必須有意識地主動去喝水。

我再強調一次，**尤其是老年犬要特別注意脫水問題**。

狗狗和人類一樣，年輕的時候就算有些水分不足也不是太大的問題，但老年犬一旦出現脫水狀況，就需要很長的時間才能恢復。

人類也是如此，等到覺得口渴再來喝水可能為時已晚。

在狗狗脫水之前讓牠們喝水是很重要的。

除了喝「水」以外，還有一種方法可以讓狗狗喝到水，那就是讓牠們喝湯汁。

將煮熟雞肉、豬肉或魚肉的水讓牠們當作水喝，換句話說，讓牠們吃下自己動手做的雜炊粥，就能讓牠們直接攝取水分。或者在水中加入少許肉湯添加風味，有些狗狗會被吸引而喝得很開心。

也可以**把手作鮮食過程中煮出的肉湯放入製冰盒裡冷凍，然後放一塊到水裡**

給牠們喝。

如果家裡的狗狗是吃乾飼料為主，也可以將乾飼料泡在肉湯裡讓牠們攝取水分。

狗狗的飲用水，我會推薦具有還原力的水。自來水中含有氯，具有殺菌特性。當然，安全飲水對我們來說是必要的，但氯也具有使身體氧化（生鏽）的作用。

而具有還原力的水是指具有使細胞恢復原狀的作用的水。富氫水就是我們熟悉的其中一種，喝這種水對身體的負擔會比較少。

此外，有些飼主會讓狗狗喝礦泉水來彌補礦物質的不足，但其實普通的礦泉水是不含礦物質成分的。

而礦泉水又分為硬水和軟水，硬水中含有大量的鈣和鎂，據說更容易形成結石。但是我從來沒有聽說過狗狗喝了硬水就得結石的。

不管怎麼樣，喝礦泉水都比喝自來水好，但也沒有更明顯的優點了。

給狗狗喝的水是常溫的就可以了，盡可能讓牠們喝新鮮的水。

最可信的食物評比，在愛犬身上

寵物店和大賣場現在販賣著各式各樣的乾飼料，也有標榜「國產」、「無添加」等嚴格挑選原料的高級飼料。一款乾飼料是好是壞跟它的品質無關，**重要的是它適不適合你的狗狗食用**。

挑選乾飼料的困難之處在於，昂貴的不見得就是好的。

改變飲食前後的身體變化

有一天，一隻八歲的黃金獵犬來到我們診所。根據飼主的說法，狗狗的皮膚問題接二連三地出現，讓他很傷腦筋。

這隻狗狗是飼主從收容所認養回來的。就在這位飼主認養完沒多久，狗狗開始出現皮膚問題。牠的耳朵和臉頰的周圍都有結痂，牠會抓破又再次流血。雖然牠精力充沛，但是皮膚問題卻接連不斷。但聽說牠在收容所的時候沒有這些皮膚問題。

我暫時做了消毒等處理，但過了一個月也不見好轉。於是，我向飼主問了飲食方面的問題。

狗狗待在收容所的時候吃的都是乾飼料。飼主在認養牠之後，餵的也還是乾飼料，但他心想狗狗好不容易從收容所來到這個家，就想讓牠吃更好的，所以開始餵牠吃高級的乾飼料。

我問：「但牠在收容所的時候沒有皮膚問題的吧？牠都吃了些什麼呢？」得到的答案卻是很平價的乾飼料。我提議道：「那先換回以前的那款吧。」

大家猜結果怎麼樣？不久後，狗狗身上不再出現皮膚問題，完全痊癒了。

飼主通常很難察覺到，自家狗狗出狀況是因為換了「好食物」。如果不管你做什麼都沒有好轉，可以重新檢視目前的飲食。

具體來說，就像這隻黃金獵犬一樣，「**試著換回狀態良好時的飲食**」。狀態好就代表之前的飲食模式是適合牠的。

高齡犬食品究竟有何不同？

如同我在前言中提到的，根據我多年來為許多狗狗看診的經驗，持續吃手作鮮食的狗狗的一個特徵是，上了年紀也感受不出老化的跡象。

其中之一是「眼睛」。眼睛是飼主最容易察覺、最容易注意的地方。在許多高齡犬中，黑眼珠的部分會變灰白而混濁，隨著年齡的增長，更容易罹患白內障和核硬化等疾病。

然而，吃手作鮮食的狗狗就沒有混濁的黑眼珠。乾飼料大都是按照年齡區分的，也有推出許多針對高齡犬的乾飼料。狗狗的八～十歲確實是邁入高齡犬的一個轉換期沒有錯，應該有很多飼主「因為狗狗過了八歲，就換成了高齡犬的飼料」。

高齡犬的飼料和一般飼料的不同之處在於，其蛋白質和脂肪含量較少。這麼做的理由是，狗狗隨著年齡的增長，活動量會減少。

但真的是這樣嗎？你的愛犬會一過八歲，就突然總是在睡覺嗎？**如果只是因為到某個年紀，就隨意選擇高齡犬食品，毛髮可能會因為缺乏油分而黯淡無光，或者是因為缺乏蛋白質而變瘦。**

實際上就有狗狗因為改吃高齡犬的乾飼料後，體重往下掉，且失去活力。但看在飼主眼裡卻會解釋成：「沒關係，我有給牠吃高齡犬的乾飼料，會瘦只是因為上了年紀。」或者是「畢竟年紀大了，這也沒辦法。」

我們往往不會去想到身體變差是跟飲食有關。如果繼續這樣下去，身體狀況有可能會變得更糟。經常聽到有飼主覺得怪怪的，便帶著狗狗去醫院檢查，結果被告知是腎臟出了問題。

當然，也有很多狗狗吃了老犬食品也沒異狀，但如果你發現自家狗狗瘦了、毛髮較無光澤，就要提高警覺。

就算是自己準備手作鮮食，也不要因為狗狗邁入高齡就盲目地減少蛋白質的比例，或整體的份量。

曾來診所就診的一隻八歲白柴犬，也是這種情況。就診的原因是「皮膚搔癢」，但我檢查了一下，發現牠比平時瘦了很多。除此之外，牠的毛髮雜亂，沒有光澤。因為這位飼主也是餵食手作鮮食的，我便問起飲食內容，發現飼主餵食的份量遠遠不夠。

看來是飼主自己判斷狗狗因為皮膚問題導致身體不舒服，就減少了餵食的份量。然後持續一段時間，狗狗就營養不良了……

沒有足夠的食物＝沒有足夠的營養。

如果因為狗狗邁入高齡就減少份量，可能會發生同樣的事情。就算是高齡犬，只要身體健康，就沒有必要改變進食的份量。

無論是餵食乾飼料或是手作鮮食，飼主都要仔細觀察面前的狗狗，再做出判斷。

☆飼料接受度五指標

最重要的是這款飼料適不適合我們家的狗狗——有很多飼主試了好幾種乾飼料，想為愛犬找出最好的飼料。也有飼主表示：「換了四、五款，終於找到了適合的飼料。」

辨別飼料適合與否的重點在於：

- 腹瀉和稀便（可能會放屁或肚子咕嚕咕嚕響）。
- 大便量增加。
- 出現搔癢等膚況惡化的情形。
- 體重沒有增加。
- 不怎麼吃東西。

吃到適合的飼料時：

- 毛髮有光澤。
- 大便量正常而紮實。
- 胃口好，吃得好。

市面上販售的飼料都是經過檢驗的，所以無法一概而論哪個好哪個壞。日本開先河訂定專法控管寵物食品，此法叫做「寵物飼料安全性確保法」（寵物食品安全法），禁止製造、進口或銷售對寵物健康有不利影響的寵物食品。

你的愛犬吃了健康有精神的飼料就是適合牠的飼料。

我們不能斷言昂貴就一定好，便宜代表劣質。

那麼，高價位的乾飼料為什麼會那麼昂貴呢？

那是因為其選用的食材和製作方法費時又費錢，像是使用優質的肉和嚴選的蔬菜或香草等。前面提到的黃金獵犬的案例，在改吃高級乾飼料後，皮膚狀況反而變得很差，聽說當時飼主就是在寵物店推薦下買了高級乾飼料。

另一方面，平價是有原因的。根據《寵物食品安全法》，市面上不會販售劣質寵物食品，但不可否認的是乾飼料也是有分等級的。

通稱為添加劑的東西也是有分等級的，有便宜的防腐劑，也有會致癌的防腐劑。此外，肉的品質也令人擔憂。首先，我們不清楚肉的來源。還有添加穀物來增加體積的情況，但我們甚至不知道那些都是什麼穀物。

儘管如此，就像前面提到的案例一樣，也有平價乾飼料是狗狗吃得比較合胃口的，也有狗狗只吃平價乾飼料照樣活得很長壽。因此關於食品，我們不能斷言便宜就是不好的。

合胃口又營養，好的食物兩者兼具

在人類中，有的人看起來比同齡人年輕，也有人看起來比同齡人還老。狗狗也是一樣的，有的看起來年輕有活力，有的看起來老態龍鍾。我認為精力充沛的狗狗擁有別於其他狗狗的飲食習慣。

但這並不代表飼料一定不好，手作鮮食最OK。找到「適合自己的飲食習慣」的狗狗，眼睛裡總是散發著光芒和朝氣。

這裡我想提醒大家一件事，我們往往會認為狗狗開開心心地把飯吃光，就是「適合牠的飲食習慣」，事實上不能如此斷言。

以狗狗的情況來說，有時牠們會很樂於吃那些對身體不好的食物，像是含有大量添加劑的食物。而努力實踐餵食手作鮮食的飼主們，我想他們不會餵狗狗吃對身體不好的食物，但事實上，並非所有吃手作鮮食的狗狗，都取得完美的營養均衡。

前幾天，來找我詢問手作鮮食的一名飼主說：「我只餵狗狗吃高麗菜和豬肉。」狗狗總是吃得津津有味，所以他覺得這樣就很好。

如果狗狗吃得很開心，毛髮也充滿光澤，也許不會有什麼大問題，但我還是會希望狗狗可以吃更多種類的食物。如果一直吃同樣的東西，不僅狗狗會吃膩，營養也會失衡。

也不要總是餵高麗菜，還有小松菜、蕪菁、蘿蔔等各種蔬菜。完全沒有必要計算營養，我希望飼主可讓狗狗攝取各種食材，從長遠的角度來保持營養均衡。

我推廣手作鮮食還說這種話好像有點自相矛盾，不過，希望大家藉此了解手作鮮食並不是完美無缺的。

如果你還是很擔心營養攝取的話，不妨試試我前面提到的「手作鮮食＋乾飼料」的組合。你可以選一種容易持續下去的方式，像是在乾飼料中加入一些手作鮮食，或是早餐餵乾飼料，晚餐餵手作鮮食等。

市售的寵物零食要小心！

我們診所有販賣手作零食，將雞胸肉、鰹魚乾、鮪魚等魚肉切成薄片後去除水分。有飼主自己用手作零食做了對照實驗（驚）。

他觀察了狗狗分別在吃市售零食和手作零食時，反應怎麼樣？胃口怎麼樣？

他表示，無論是市售零食還是手作零食，狗狗都吃得津津有味，不過狗狗只有在吃完市售零食之後，喝了大量的水，而吃手作零食後不怎麼喝水。這究竟是怎麼一回事呢？

標示「無添加」也不能掉以輕心

乍看之下，多喝水是件好事，但其實不是這樣的。

據推測，市售零食中的防腐劑或增稠劑等添加物進到體內後，會引發喝水的行為，這是因為身體會試圖將進入體內的添加劑排出體外。這就是為什麼牠們會喝很多水，嘗試以尿液的形式排出。

我們人類也是一樣的，「吃完家常飯菜過後」和「吃完外食或零食後」相比，後者的情況更會口乾舌燥對吧？

我認為有很多狗狗都是很喜歡市售零食的。一位飼主說，鄰居很喜歡他們家的狗狗，而且對狗狗也很好，每次散步碰見了，對方總是會餵狗狗很多市售的零食。

「既然狗狗也很開心，那就沒關係吧。」這位飼主本來這麼想，但有一次他突然發現。

「最近狗狗的大便很臭，肚子還會咕嚕咕嚕作響。」所以才來到診所求診。

結果是鄰居餵的零食和身體不合，所以身體狀況發生了變化。飼主也表示很能理解，自從不再接受那種零食後，狗狗的肚子不再咕嚕咕嚕叫，大便也不臭了。

「吃了和自己身體不合的東西就會不舒服。」

如果不知道這個事實，對飲食的認知就會有所不同。尤其是對我們人類來說，我們不會因為吃零食、巧克力、口香糖、軟糖等而感到胃部不適。但根據我的經驗，有些產品雖然標榜動物專用，但也會有和身體不合的情況。

市售的零食中也有不含添加劑的。我不能一概而論無添加就一定是好的。就算產品標榜「無添加」，但也沒明確說是無添加「什麼」。

有時候看了背面的成分表，會發現裡面其實含有很多添加劑。如同我先前說的，即使有法律規範，寵物食品也不歸類在「食品」中，所以標準和人類的食物是不一樣的。

很多東西光看成分表是看不出來的，比如說製造過程中使用的藥物或成分，因為最後只需要標示最後使用的成分即可。廠商如果真的不添加任何東西，就做不出平價的零食了。「買到便宜還沒有添加劑的零食，太幸運了！」所以飼主不能光看價格與標示就滿意。

我想也是有廠商在致力於製作無添加劑的產品，但現實是，我們很難看到無添加的內容是什麼。

我感覺大約是從五、六年前開始，不知何故長出腫瘤的狗狗增加了。雖然還不清楚造成這種情況的確切原因，但我認為跟生活習慣有關，尤其是飲食習慣。不可否認，牠們的飲食中含有食品添加劑。

寵物食品變得更美味、更方便，但另一方面也讓肥胖的情況增加了。狗狗和人類一樣，飲食習慣會導致肥胖，從而導致疾病。之後我會再聊聊針對肥胖的對策。

如何自製零食，讓狗狗吃得開心又安全

添加劑有很多種用途，其中一個就是要長期保存食物。如果是這樣的話，我們不如自己動手做零食，可以讓你的愛犬安全食用。

接下來，我將分享飼主們如何在家裡自己動手做零食。

食材只有肉和魚。我們診所會使用低脂健康的雞胸肉，但也可以用里肌肉。魚的部分則是使用鰹魚乾、鮪魚。

製作方法很簡單。只要把肉或魚烘乾就可以了。如果想手工保存的話，需要去除水分並完全乾燥。

為此，我們需要準備的是市售的「食物乾燥機」。只要搜尋「食物乾燥機」就可以找到很多產品。

具備各種功能的食物乾燥機雖然很貴，但五千日圓（按：約新臺幣一千一百元）左右的就足夠了。有定時功能的更方便。

接下來**把肉或魚切成〇．五公分厚的薄片，放在食品乾燥機的托盤上，打開開關，然後烘乾**（如圖）。

雖然會根據食材有所差異，但半天（十二小時）左右就能做出美味十足的零食。人類吃了也會覺得很好吃的。

除了剛才介紹的食材之外，還可以用牛肉（牛肉乾）或鮭魚。雖然也可以做蔬菜乾和水果乾，但我建議狗狗的零食是以蛋白質為主，所以推薦肉類或魚類。

食物乾燥機

你也可以用烤箱烘乾。最理想的狀態是現做現吃，**但考量到耐放程度，還是用食物乾燥機烘乾比較安全**。

第一次到診所來的狗狗多多少少都會緊張。為了緩解緊張感，我們診所經常會讓狗狗吃零食（如圖）來幫助牠們放鬆，大多數狗狗都吃得津津有味。於是，牠們會認出「這個人會給好吃的東西」，等著我拿出零食。當我還是執勤醫生時，從來沒有在診療室讓牠們吃過零食。這也是當然的，我沒有餘裕做這些事，也從來沒有想過。動物們也緊張得沒有心情吃，一心想著要盡快離開診療室！想逃走！

現在是上了診察台給零食、打完針給零食、忍住了給零食。在各種場合給予牠們獎勵，也能發揮積極的作用。

請大家在家裡也試著自己做零食作為牠們的獎勵吧。

診所的零食

狗狗挑食的解方

為什麼要餵狗狗吃零食呢？

有一隻一歲的公吉娃娃不愛吃乾飼料，有偏食傾向。但牠很喜歡洋芋片類型的零食，所以飼主總是忍不住多餵牠吃零食。

似乎有很多飼主會說「總比什麼都不吃好」或「沒辦法，牠就是不肯吃飼料……」。

飼主真正希望狗狗的飲食是什麼樣的呢？是希望牠們一直吃零食嗎？應該不是吧。

其實我們都希望狗狗能好好吃正餐。飼主們想盡辦法要讓狗狗吃乾飼料時，往往會認為「和零食一起吃的話，狗狗就願意吃了吧。」然後，你在不知不覺中，給的零食份量越來越多。

這意味著**狗狗光吃零食就飽**了。

不吃飼料↓餵零食↓吃零食就飽了↓吃不下正餐，就這樣陷入了惡性循環。

如果老是吃含有添加劑的市售零食，就會缺乏維生素和礦物質。

有些食品添加劑會與體內的礦物質結合並阻礙吸收。

狗狗老是吃零食有可能是牠們本來就不喜歡吃乾飼料。這種時候正是讓牠們吃吃看手作食物的時機。

飼主都希望看到狗狗吃得開心、精力充沛地玩耍，也想讓狗狗吃對身體有益的東西。如果狗狗挑食，可以試著加進一些手作零食。

如何增進愛犬的新陳代謝

相反的，對於肥胖的狗狗，我們該怎麼做呢？

根據美國寵物肥胖預防協會調查研究表明，大約**有一半的寵物狗體重超標**，而有九成的飼主完全沒有意識到這一點。

對於人類來說，代謝症候群也會增加罹患生活習慣病的風險。但對狗狗來說，肥胖會造成罹患糖尿病等疾病的風險，但我接觸過許多案例，肥胖並不一定會導致疾病。

有些狗狗明明超級胖，但驗血結果顯示牠們非常健康。但當然，也碰過一隻狗狗因為肥胖導致多重器官衰竭而死亡。只不過，**肥胖的狗狗較容易罹患關節炎，所以行走有困難**。

☆用手測出「狗狗的ＢＭＩ」

狗狗也有理想的體重。

它類似於人類的適當體重標準ＢＭＩ（身體質量指數），稱為「身體狀態指數」（ＢＣＳ）。ＢＣＳ共分為五個階段：ＢＣＳ1為「瘦」，ＢＣＳ3為「理想」，ＢＣＳ5為「肥胖」。

理想情況下，脂肪量適中，可以摸到肋骨，並且看得見腰部的曲線。如果是肥胖狀態的話，從上面摸也摸不出肋骨，幾乎看不見腰部曲線，這樣就太胖了。

這是根據體格而不是體重來判斷的，我想飼主也很容易理解。從這層面的意義上來看，健康管理並不需要「體重計」。因為在日常互動中可以注意到的事情比量體重還要多。

肋骨和腰部曲線是重點，但我會特別留意的是「大腿」。

如果你摸到大腿的觸感是結實的，那代表狗狗經常運動，新陳代謝良好。

第四部分會講到健康管理，在此之前要先知道，比起偶爾看診一次的獸醫，

表 1　狗狗的身體狀態指數（BCS）和體型

BCS1	BCS2	BCS3	BCS4	BCS5
過瘦	**偏瘦**	**理想**	**微胖**	**過胖**

容易看見肋骨、腰椎及骨盆。 摸不出脂肪。 腰部曲線和腹部凹陷明顯。	容易摸出肋骨。 從上面看，腰部曲線明顯，腹部凹陷清楚。	沒有多餘脂肪堆積，摸得出肋骨。 從上面看，可以看見肋骨自然銜接腰部曲線。 從側面看，可以看到腹部向上收起。	脂肪堆積較多，但仍摸得出肋骨。 從上面看，可以看出腰部曲線，但不明顯。 可以看到腹部微微向上收起。	被厚厚的脂肪覆蓋，難以摸出肋骨。 腰椎和尾根部也有脂肪堆積。沒有腰部曲線或幾乎看不出來。 看不到腹部向上收起，甚至是下垂的。

（根據環境省《為飼主準備的寵物食品指南》製成）

每天和狗狗待在一起的飼主了解的情況一定更多。

狗狗瘦身，飲食比運動見效

假如醫院的人告訴你：「狗狗有點超重了哦。」你可能會覺得「胖就多運動不就好了」，但對於胖胖的狗狗來說，連動一下都很困難。

肥胖的機制很簡單：卡路里的攝取量長期大於消耗量。所以有很多飼主以為，透過運動消耗更多卡路里，或許就能瘦下來了。

但是，想讓狗狗透過運動來減肥是非常困難的。我們可以透過限制卡路里來減肥，卻**沒有辦法透過增加運動量來有效減肥**。

所以我會說，改變飲食習慣吧。有時候，動物醫院會跟你介紹減肥飼料，讓你餵狗狗食用。

但醫院推出的減肥飼料為了給狗狗飽足感，設計成在胃裡停留更長時間。也就是所謂的飲食療法餐。不僅熱量低，還含有必要的維生素和礦物質，通常還含有豐富的膳食纖維，可以讓狗狗保持飽腹感。

膳食纖維確實不會增加膽固醇，但也不會讓體重下降。

「換成這種飲食，然後定期量體重看看吧。吃這個就會更接近適當體重的。」聽見專業人士這麼說，飼主就繼續餵胖胖的毛小孩減肥飼料。然而，過了一、兩個月也沒有變瘦的跡象。飼主會心想：「我餵這種飼料，所以沒關係。」、「但怎麼老是瘦不下來呢？」還有：「聽說應該戒掉零食，我也沒有再餵零食了呀……」

之所以瘦不下來，往往是因為新陳代謝不好。根據就是，**有一隻狗狗攝取充足的水分後，體重就回到標準區間了**。

有人跟我說「都換吃減肥飼料了還是瘦不下來」時，我就推薦了手作鮮食。就是我前面介紹的水分多多的雜炊火鍋。然後，本來一直減不下來的體重就會一下子降下來了。

我想，或許是狗狗嚴重水分不足吧。雖然也取決於餵食減肥飼料時的排尿量和飲水量，但經歷這些案例後，我切身感受到**攝取水分讓身體新陳代謝變好**的重要性。

食療餐不宜持續太久

如果我說「預防疾病的飲食有時反而會讓狗狗生病」，大家會很吃驚嗎？

有一種對抗疾病的對策，叫做「食療餐」。當獸醫在治療寵物的疾病等時，可能需要營養學上的支持。食療餐指的是，「根據治療內容，調節食品中營養成分的量和比例，以輔助治療為目的而提供的寵物食品。」食療餐上都會明確記載「務必在獸醫指導下服用」等注意事項。

作為一種「治療輔助」，我們可以認為它只是暫時的。但卻有很多飼主認為「食療餐一定要長期服用」。其實我本來也以為這些是必須長期服用、不得不吃的食品。

但食療餐充其量只是治療的輔助手段，所以要在什麼時間點開始、持續或變動，都應該由獸醫來判斷。沒有人說「一定要持續吃」。但是，也只有部分獸醫具備這樣的認知。

食療餐和綜合營養補給品是不一樣的。每個製造商都進行了自己的研究，並得出結論認為這樣可以滿足狗狗的營養需求。

也就是說，不會有我們經常看到的寵物食品的營養標準。像是「AAFCO—美國飼料管理協會」、「FEDIAF—歐洲寵物食品工業聯合會」等認證。

食療餐可以專門針對某些疾病，雖然這是好事，但大家要意識到可能會帶來營養失衡。

持續餵狗狗吃食療餐，有可能會出現意料之外的狀況。想治療疾病，必須要學會臨機應變。

如果狗狗罹患某種疾病，且得到採用食療法的建議時，請向獸醫諮詢食療法的優缺點，並從食材和營養素的觀點出發，詢問應該餵食什麼樣的食物才好。

3

生活習慣

是否想為狗狗好，
卻無形中帶給牠壓力呢？

Lifestyle

想要延長狗狗的健康餘命，注意飲食和身體狀況管理固然重要，但不要讓牠們處於壓力大的環境也是一大要點。覺得是對狗狗好而做的事情，可能會在不知不覺中造成讓狗狗感到有壓力的環境。

在第三部分，我將介紹如何打造不讓狗狗感到壓力的舒適環境。

散步，是一起享受放鬆的時光

如同我在第一部分中提到的，狗狗在散步時，必須做到「運動」、「探索活動」、「領土活動」三件事，否則無法滿足散步的需求。

比方說，帶著狗狗慢慢地走，讓牠四處聞各種氣味，然後散步回家，如此牠的「運動」需求就沒有被滿足到。同樣的，任由牠盡情奔跑，而沒有讓牠聞氣味、做標記就回家的話，牠的其他兩項需求就沒有被滿足到。

很多飼主會覺得：「我有帶牠去散步，今天已經有讓牠運動到了。」甚至有的飼主看到散步完回到家的狗狗仍然在家裡跑來跑去時，心裡會想：「是不是散步得不夠久呢？是不是應該延長散步的時間呢？」

但正如我說過的，嚴格來說，散步和運動是完全不同的事情。運動指的是大幅度活動身體，如玩球、盡情奔跑等。

散步可不只是出門放風

在家裡跑來跑去，對狗狗來說其實不算運動。無論在家裡玩了多少玩具，都不能滿足牠真正意義上的運動需求。就算要每天做到會很困難，但試著和狗狗一起盡情奔跑或一起做活動身體的運動吧。但是，切勿在沒有拴繩的情況下，讓狗狗跑到離自己太遠的地點。

雖然散步不屬於真正意義上的「運動」，但這並不意味著對健康沒有任何效果。根據他國獸醫學會的研究指出，狗狗的散步約四％屬於劇烈運動，但有七八％屬於中強度運動。光是散步就有足夠的健康效果。

透過「四處嗅聞」接收新知

狗狗在散步途中總是會東聞西聞，如電線桿的氣味、草的氣味、泥土的氣味等，而飼主總是會嚷著「不行！」、「要走了！」把狗狗拉走，但這樣就沒有滿足牠的需求。

從飼主的角度來看，狗狗就只是在聞氣味而已，但狗狗在聞的時候是全神貫注的：「這是什麼味道？」、「這附近有其他狗狗尿過了！」因此飼主散步的時候一定要為狗狗預留「嗅嗅時間」，滿足牠的需求。

一般來說，公狗的標記是一種向其他狗表達「這是我的領地！」的方式，也是一種留下名片的感覺：「我走過這裡」、「打個招呼」，告訴其他狗狗自己曾經造訪過這裡。而母狗也是一樣的。當一隻未絕育的母狗發情時，牠也會進行標記，告訴周圍的狗狗繁殖季節到了。

無論是哪種情況，標記都是狗狗的本能。如果忽視了狗狗的這種需求，會讓牠們積累壓力。

光是散散步，不僅是氣味，人類、物品、汽車，任何映入眼簾的東西對牠們來說都是刺激。路邊散發出其他狗狗的氣味也是一種激發本能的感覺。此外，走路本身也會接收到來自腳（肉球）的刺激。

有數據顯示，天天散步的狗狗，比不散步的狗狗還要長壽。

藉由散步讓全身接收到刺激，可能可以預防失智症（據說人類的失智症也可以透過走路來預防）。

另外，**外出曬太陽會產生維生素D，可以強健骨骼，調節生理時鐘**。這方面和人類是完全一樣的。

「專心散步」對飼主是百利無一害

有時候會聽到別人說「小型犬和高齡犬比較不需要散步」，但這是一種錯誤觀念。

如果健康狀況良好，大部分的狗狗每天至少可散步三十分鐘以上，有時甚至更久。大家上網查相關資訊時，會看到「小型犬約二十分鐘，距離不到一公里」之類的描述。但散步的時間和距離僅是參考值，要散步到什麼程度才能滿足，取決於你家的狗狗。

有的小型犬可以走到三公里，有的能走上一個小時。如果狗狗喜歡走路、喜歡出門，飼主在有時間和餘力的情況下，可以多陪伴牠們。

最重要的是，不要預設狗狗是小型犬，或高齡犬就一定是怎麼樣。有的飼主會覺得自家狗狗看起來不怎麼喜歡散步，或是牠們散步時的行為令自己難以接受。

但散步不僅對狗狗有健康效果，對人類也有。據說養狗的人，比沒養狗的更加精力充沛，而且養狗對飼主本身也有緩解壓力和放鬆身心的作用。

最重要的是，散步不僅僅是與飼主一起走路而已。狗狗也喜歡一邊散步一邊和飼主進行眼神交流和互動。正如我之前提到的，**透過眼神接觸分泌愛的荷爾蒙，有助於提升免疫力**。

偶爾會看到一些飼主一邊遛狗一邊滑手機，這樣飼主就只是個拿著牽繩的存在。散步如果就只是走路回家的話，那有多寂寞啊。

狗狗當然都明白「自己正在和主人一起散步」，也會為此感到開心。不要把遛狗當成一種義務，希望飼主們也能開開心心地一起散步。

☆與其「穿暖暖」不如「泡腳腳」

最近越來越多的年輕狗狗因為代謝較差，在冬天裡需要穿衣服來保暖。

現在的寵物完全融入了人類社會，牠們的體質也越來越接近人類。人類當中也有不少「手腳冰冷」體質的人吧。

隨著年齡的增長，狗狗的肌肉量會逐漸下滑，所以能理解飼主們讓毛孩穿得暖暖地再帶去散步。似乎有很多狗狗不分年紀都很怕冷。

但狗狗真的會覺得「冷」嗎？

在測量體溫時，測量的是直腸溫度。狗狗的正常體溫約為三八・五度。那麼，正常體溫偏高的話就不會覺得冷嗎？會怕冷的狗狗跟牠的正常體溫是高是低無關。

身體覺得冷就只是一種感覺而已。就像人類無論體溫是否正常，都會感到寒冷一樣，狗狗也是如此。

實際上，**在改善血液循環和血液流動後，關節炎症狀消失、失智症症狀得到緩解**等現象也有發生。改善血液循環和血液流動有許多好處，更有益於延長健康餘命。

我以前曾經想過，能不能像人類做腳底按摩一樣，對狗狗進行肉球按摩呢？但因為狗狗很抗拒，我就放棄了。狗狗不喜歡別人碰牠們的肉球。因為肉球有很多神經和血管，和人的指尖一樣是敏感的部分。

於是，我們診所採用了「足浴」來改善血液循環。飼主自己做起來也很容易，所以我很推薦。

我們人在腳變暖和的時候會覺得很舒服，血液循環變好，身體也會變得暖乎乎的。狗狗也是一樣的。

尤其是在冬天散步過後，腳會變得很冷。對於怯寒也很有效。

❤如何做足浴

❶準備一個足夠大的容器，能讓狗狗用四隻腳站立。（如果是小型犬的話，建議使用大一點的聚乙烯洗衣籃。）

足浴

❷在該容器中倒入溫水（約三七～三八度）。

如果狗狗不排斥熱水，可以把水面加到狗狗的胸部高度。如果狗狗不喜歡熱水，那就把水面加到最靠近肉球的關節高度（前腳＝腕關節，後腳＝踝關節）。

❸泡足浴約五分鐘。注意不要泡太久，因為熱水會變涼。如果水涼了，可以再加點熱水。

只要養成習慣為狗狗做這個，牠的身體就會變好。時間上有餘裕的人，可以試著養成散步回家後，讓毛孩泡足浴的習慣。只不過準備起來需要時間，所以每週一次就足夠了。

狗狗本身就像穿著皮毛，所以我認為牠們並不像人類一樣怕冷。如果狗狗的體溫偏高，身體狀況好，精神也好的話，我認為就不需要替牠們穿禦寒衣物了。在我居住的新潟縣，也有不穿禦寒衣物直接在路上行走的狗狗。不過，下雪或下雨的話會淋溼，身體淋溼就會覺得冷。飼主後續要處理也會很辛苦，所以這種狀況應該讓狗狗穿上雨衣。

我不會說給狗狗穿衣服就是過度保護，但我認為比起穿衣服保暖，吃得好、打造一個能抵禦寒冷的身體更加重要。

大熱天要避免肉球燙傷

大熱天裡，看到狗狗在烈日下散步時，我就會忍不住想上前勸飼主。

儘管日本的夏天總是相當酷熱，但很多飼主並不在意出門的時段。但人類並不是光著腳走路，也不會像狗狗一樣，走路時會把臉貼得離炙熱的柏油路很近。**容易吸熱的柏油路在酷暑中可能會超過六十度，簡直就像是走在滾燙的鐵板上一樣**。

狗狗沒辦法用言語傳達：「我不想去散步！」所以只能跟著飼主走。但如果仔細觀察，會看到一些狗狗行走得很艱難，臉上的表情似乎都能聽見牠們在心裡喊「好燙」。

在以前工作的動物醫院裡，我曾經碰到一個案例，狗狗在熾熱的柏油路上行走時，肉球脫了一層皮。另外還有一個案例，雖然不是發生在夏天，但飼主騎腳踏車遛狗，結果弄傷了狗狗的肉球。

夏季盡量在清晨或傍晚降溫後再去散步，並盡可能走在陰涼處。在無論是清晨、還是傍晚都很炎熱的時節，飼主可以在出門散步前摸摸地面，如果覺得會燙，就不要勉強狗狗出去散步了。

基本上，出門散步的時間最好是固定的，但在大熱天就要隨機應變。有些狗狗只在外面尿尿或大便，有的飼主出門遛狗，就是為了順便讓狗狗排泄，甚至有些飼主覺得狗狗在外面排泄會比較方便。

但如果狗狗只在外面排泄，不能去散步的時候就會很傷腦筋。有時候還會因為天氣有點不好，就不想出門散步，所以最好訓練狗狗在家裡大小便。

另外，很多人會在散步過後，用溼紙巾擦拭狗狗的腳，希望大家盡量避免這麼做。

如同我先前提到的，肉球是敏感的部位，是毫無防備的裸露狀態。飼主只要查看溼紙巾的成分，就會發現其中使用了某些化學物質。雖然有些產品標榜「九九％的水」，但剩下的少量成分中也含有化學物質，比方說界面活性劑或酒精。

我之所以會這麼說，是因為**肉球是裸露的部分，比起皮膚，更容易吸收化學**

物質。此外，狗狗也經常會舔肉球。

如果要擦腳，一般的清水就可以擦拭乾淨了。散步回家後，用溼毛巾擦拭，既經濟實惠又安全。

讓狗狗遠離壓力的生活作息

隨著遠距工作的情況增加，飼主和狗狗相處的時間也越來越多，這是一件非常令人高興的事情。不過，基本上還是有不少飼主在白天出外工作，所以經常把狗狗留在家裡看家。

如果斷言「看家對狗狗來說是一種壓力」，飼主就會很難出門了。那麼，該怎麼做才好呢？

人類的八小時對狗狗來說有多長？

雖然也有人認為：「我就跟往常一樣，不讓狗狗處於興奮的狀態，再悄悄地出門」、「因為狗狗不喜歡看家，所以我都裝作若無其事的樣子出門，才不會給牠壓力」。但我認為**要避免讓愛犬看家期間產生壓力，關鍵在於「看家前後」**。

什麼意思呢？就是**在狗狗看家之前或之後，多陪牠玩來滿足牠**。比方說，飼主在讓狗狗看家之前，可以主動邀狗狗去散步，或玩拔河遊戲，**重要的是在你出門之前能讓狗狗滿足多少**。

另外，如果可以，回到家以後也陪狗狗玩一會兒吧。飼主一回家，狗狗就開心得要命，很希望飼主可以陪陪自己。如果你在這種情況下沒有陪牠，牠就會記住看家是一件討厭的事情。

透過陪狗狗玩耍，**讓牠意識到「（看家完）飼主回到家以後，可以做一些開心好玩的事**」。這麼一來，狗狗就更願意等待。

另一方面，飼主可能需要工作或獨自生活，讓狗狗看家也是別無選擇。

對每天外出工作的飼主建議「在狗狗看家前後要多陪牠們玩」，飼主們也不見得抽得出時間。我自己養狗的時候，也只有假日才能陪狗狗在外面盡情地玩。

尤其是獨自生活的人，要每天認真照顧牠們、或陪牠們玩是很困難的。也有人認為，狗狗本來就是群居動物，不習慣獨自一隻狗度過。

但狗狗可以獨自一隻狗度過，是「因為有飼主在」。牠們擁有飼主，而且堅信飼主今天一定會回來，所以牠們可以耐心地等。很堅毅吧。**從你的狗狗來到家裡的那一刻起，牠的家人就只有飼主。雖然是最小的單位，但對狗狗來說，和飼主在一起就是一種「群居」**。

所以也不用勉強自己「就算沒有時間獨處也得陪狗狗玩」。**就算只是在散步後幫狗狗梳毛也可以**。你也可以一邊梳毛一邊和狗狗聊天：「今天都做了什麼呀？有沒有睡飽呀？」

即便忙碌也願意陪伴的愛，狗狗可以感受得到。

狗狗非常聰明，如果確立了與飼主的日常作息的話，就會對星期幾有個概念，像是：「差不多該到家了」、「今天會一整天待在家裡吧」。當狗狗感到滿足且願意等待時，看家這件事就不會造成牠的壓力。

只要有水、有食物，也有排泄的地方，牠可以生活在和往常一樣穩定的環境中，沒有任何對牠有害或危及生命的事。反而如果飼主愛擔心，會讓狗狗在和飼主分開的期間感到焦慮和壓力。

無論是獨自生活還是繁忙的人，請盡可能加深和狗狗之間的親密感吧。

狗狗也有共情能力？

這是一位飼主分享的故事。

飼主的父親和母親處於需要人照護的狀態，飼主有好一段時間壓力都很大。等到事情告一段落後，換他的愛犬（馬爾濟斯．九歲）罹患了惡性淋巴瘤。

我認為原因是這樣的。這隻狗狗非常愛他的飼主，看著飼主時可能都在想著：「媽咪（飼主）好像很累。好想為媽咪做點什麼。我能做什麼呢？」

當時，狗狗可能想著要分擔飼主身上的重擔，想讓飼主輕鬆一點。我推測可能就是這個導致了淋巴瘤的發生。順帶一提，或許是飼主的情況穩定下來了，這隻馬爾濟斯的身體狀況也好轉了許多。

狗狗的厲害之處在於，牠們接受任何事情。牠們接受飼主的任何情況，並將其轉化為無條件的愛。狗狗無法開口說話，但牠們可以感受到飼主的各種情緒。當飼主難受、痛苦的時間，牠們會靜靜地陪伴在身邊。

其實也有一些案例是，飼主生病了，狗狗也會罹患上類似的疾病。我也碰過一隻狗狗罹患腦瘤，我告訴飼主「需要採取提升免疫力的措施」時，飼主對我說：「其實我也有免疫功能不全的疾病。」

我想說的是，改變飲食和生活習慣固然重要，但沒有壓力的放鬆環境，才是延長狗狗健康餘命的重要因素。反過來說，壓力大的環境也會影響到狗狗的壽命。**只要飼主開開心心、朝氣十足，狗狗也會很活力充沛**。

為了讓狗狗放鬆，首先我們飼主要讓自己處於放鬆的環境。

狗狗喜歡這樣被抱

飼主與狗狗之間的連結越深厚、越牢固，狗狗就越長壽。

我說這句話並不是出自精神論，如同我在第一部分提到的，現已證實分泌一種叫做愛的荷爾蒙的催產素，有助於提升免疫力。

把狗狗當作家人對待，生活在一起。即便時間不長，也能和飼主一起玩。

這裡提到的「玩」並不是指一起跑步，或丟接球之類的運動，而是指和飼主之間的交流、肢體互動。

對於不能言語的狗狗來說，和飼主一起做什麼事是很重要的。而**對於不會說話的狗狗來說，交流就是玩耍和肢體接觸**。正因為不說話，所以感受很重要。

相處時你會摸摸狗狗的整個身體嗎，還是只是拍拍頭、誇獎幾句就結束了呢？

請飼主們一定要摸遍狗狗的全身。看一看、摸一摸，實際感受一下。這些日常行為的積累，會成為你和狗狗之間的交流方式。

「和這個人在一起很開心」的感覺，會加深狗狗和飼主之間的感情，也會帶來健康和免疫力。

反過來說，**放任不管會導致狗狗的健康餘命縮短**。雖然狗狗被忽視也一樣會深愛著飼主。但長時間放任不管的話，會衍生出許多問題。例如，飼主太忙碌，沒有時間陪伴狗狗，長時間被關在籠子裡的狗狗罹患了皮膚病。

在籠子裡的狗狗感到壓力很大，但因為沒事做，所以一直舔身體，導致皮膚出現了問題。或是在看家的時候把家裡搞得一團亂。如果狗狗和飼主有充分交流的話，搗亂的情況也會減少。

「玩耍」的定義也因飼主而異。在室內玩玩具、說說話、肢體接觸等，只要狗狗開心，什麼都可以。

但是，在抱狗狗的時候，最好不要像抱人類嬰兒那樣垂直抱著。由於狗狗的骨骼是以四條腿站立的，站立並不是狗狗的自然原始姿勢。如果要抱狗狗的話，請改為側抱，使脊骨和地面平行。

獸醫做不到，而朝夕相處的飼主可以做到的事，就是和狗狗在一起的時候，進行肢體接觸和陪牠們玩耍。做出讓狗狗開心的交流和肢體接觸，這是再優秀的獸醫也做不到的事情。

請大家一定要多多陪狗狗玩，滿足牠們的心。

睡哪最好？能感受「家人氣息」的就是好地點

經常有人問我：「狗狗可以睡在同一張床上嗎？」

如果狗狗想和飼主一起睡覺的話，就讓牠們睡在同一張床上吧。如果有籠子，狗狗在裡面也睡得很舒適的話，讓牠睡在籠子裡也可以。

對於狗狗來說，可以讓牠感到安心和歸屬的籠子是必要的。但是，在籠子裡吃飯、度過大部分日常生活，在我看來不是一件好事。當全家和樂融融時，**狗狗被關在籠子裡，處於「哪裡都去不了」的狀態，這會是一種壓力**。甚至有可能發展成問題行為。

正如我在第一部分中所述，和狗狗同食共寢，可以縮短家人之間的距離，增加催產素分泌，進而延長健康餘命。這並不代表「狗狗一定得跟家人待在一起」。狗狗是想進籠子裡睡覺，還是跟著飼主到臥室一起睡覺，都是牠自己決定的事。有些狗狗也不喜歡黏人。

讓狗狗自由選擇一個能令牠放鬆、睡個好覺的地方就可以了。

但是，和幼犬一起睡覺是很危險的。牠們和人類的嬰兒一樣，如果沒有一定的距離或防護，有可能會不小心被壓死。如果要一起睡覺的話，等到狗狗可以自己吃飯和上廁所後再這麼做。

比起有沒有一起睡覺，「家人的氣息」是更重要的。即便睡在不同的地方，只要讓狗狗能感受到「飼主就在這裡」，狗狗就不會感到不安，可以放鬆下來。反過來說，如果環境讓狗狗感到安心又放鬆的話，飼主待在其他房間也沒關係。狗狗和人類一樣，在吵雜的環境裡是睡不著的。尤其狗狗對聲音特別敏感，所以在牠們睡覺時，請盡可能保持環境安靜。

另外，市面上有販售一種附帶廁所的「一體型」狗籠，但**考量到狗狗的天性，最好將睡覺和吃飯的地方分開**。

對於嗅覺靈敏的狗狗來說，睡在廁所附近會覺得臭得要命。狗狗也是非常愛乾淨的，所以睡覺的地方、吃飯的地方和排泄的地方請盡量保持距離。

揪出居家環境的五個常見疏忽

有時候飼主覺得是對狗狗好而做的事情，可能會讓狗狗感到有壓力。為了讓狗狗更自在，檢查一下自己有沒有做出下列行為吧。

①十歲以後用胸背帶取代項圈

很多狗狗在散步時會戴著項圈，但我想推薦的是胸背帶。

我也聽說過項圈更容易控制散步中經常拉扯的狗狗。如果狗狗會在散步時到處停下來或嗅聞味道，項圈也能讓飼主更容易催促狗狗快走。

然而，項圈最大的問題是會給脖子帶來負擔。尤其是體重較重的大型犬的飼主也向我表示過，狗狗的脖子被項圈弄傷了。

相較之下，胸背帶的設計是用來支撐整個上半身的，可以減輕身體的負擔。

也不會對脖子和呼吸器官造成太大負擔，拉動牽繩時，狗狗也不會感到疼痛。

但對飼主來說，比較難在散步時控制狗狗的行動。雖然各有優點和缺點，但我希望飼主在狗狗十歲以後，不要再使用項圈，改用胸背帶。

狗狗這個年紀相當於人類的六十歲左右。接著，狗狗的身體會發生變化，所以希望飼主盡量減少對牠們身體的負擔。但還要考量狗狗的品種、體型和個性，選一個最適合你們家狗狗的吧。

②注意玄關、客廳、廁所的芳香劑

常常有一些家庭會放置芳香劑來去除寵物的氣味。但請大家試著想像一下。狗狗的嗅覺是人類的一億倍敏銳！就算芳香劑本身無害，但也很有可能給狗狗帶來壓力。

除了寵物芳香劑之外，飼主身上的衣物柔軟精的味道、乳液的味道、洗髮精的味道，甚至是有紓壓作用的精油的味道（即使無害），都有可能令狗狗產生壓力。

雖然家人不介意狗狗的氣味，但有客人拜訪時，還是會有些擔心的吧。市面上也有推出無香味的寵物除臭劑，請盡量配合使用。

③對毛毯或餐具的材質過敏

給狗狗用的毛毯，在材質方面，比起人造纖維，我更推薦棉質布料。這是因為有些狗狗使用人造纖維的東西，會引起過敏反應。

另外，在使用餐具時，有些狗狗會對塑膠材質產生過敏反應。嘴巴周圍會發紅或者掉毛，只要換成陶瓷或不鏽鋼的餐具就會消退。

④使用防滑墊的注意事項

有許多在室內養狗狗的家庭會使用防滑墊。

但即便是使用了防滑墊，如果疏於護理，狗狗還是會不小心滑倒的。

看狗狗的肉球就會知道，肉球之間會長毛。以經常外出散步的狗狗來說，肉球之間的毛髮會自然斷裂，肉球會裸露出來。當肉球清晰可見時，它就具備「防滑」的作用。

但如果肉球之間的毛一直長的話，肉球的「防滑」效果就會降低，腳掌的抓地力也會下降。

如果狗狗在這種狀態下在地板上跑步，腳就會打滑。腳底打滑就會對膝蓋造成負擔，還會引發問題。

最常見的是內側膝蓋骨異位，表示膝蓋骨偏離並向內側移動。這種情況經常出現在小型犬身上，會導致膝關節無法伸直，嚴重時甚至無法行走。

為了預防，應在地板等光滑表面鋪上防滑墊，並修剪肉球之間的毛。如果沒有修剪肉球之間的毛，即便鋪了防滑墊，狗狗一樣會打滑。

此外，指甲長長也會變得容易打滑。如果飼主無法自己幫狗狗修剪毛髮或指甲的話，可以請寵物美容師協助修剪。

⑤放養的誤食風險

如我前面提到的，對於狗狗來說，一直被關在狹小的籠子裡是會有壓力的。即使狗狗養在室內，也有必要給牠一些自由活動的空間，但這並不意味著可以自由放養。因為家中處處充滿危險。

為了狗狗的安全著想，限制行動範圍和管理行為都是必要的。

就像嬰兒學走路一樣，以前「做不到」的事情突然有一天就「做得到」了。他們的手開始碰得到意想不到的地方，或是可以走到原本到不了的地方。而且，無法判斷危險與否的嬰兒，會把所有東西都往嘴裡放，所以家長的視線不能從他們身上移開。

除了訓練有素的狗狗之外，狗狗基本上和嬰兒是一樣的。

你永遠料想不到狗狗會做出什麼事。牠們可能會咬電線，把本來碰不到的東西都扯出來，或是吃牠們不應該吃的東西。此外，高處的東西可能會掉下來造成意外傷害。

在確保狗狗一定程度行動自由的同時，我建議利用嬰兒門欄或寵物圍欄來縮小牠們的行動範圍，像是「禁止進入廚房」。

特別需要注意的是誤食。某個星期天，一位飼主慌慌張張地帶著騎士查理王獵犬（七歲・公）來到我們診所。

他說：「狗狗突然看起來很痛苦。」我問：「牠吃了什麼嗎？」飼主也只是回答：「我也不知道。」仔細看了牠的嘴裡，發現喉嚨裡卡著一塊冷凍雞塊。因為嚥不下去，就正好卡在喉嚨裡了。雖然我盡力搶救，但不幸的是，狗狗還是沒救回來。

如果狗狗只是咬一些紙，那還不是問題，該擔心的是塑膠類的東西。就算狗狗是咬碎後再吞嚥，末端還是很尖銳的。如果最後隨著糞便一起排出倒還好，但萬一留在胃裡就危險了。

我曾經遇過狗狗吃掉彈力球，更可怕的是飼主完全沒發現球不見了（被狗狗吃掉了）。

令人意想不到而更可怕的東西，是「線」。

如果是結成一球或皺成一團的話，還可以想辦法讓狗狗吐出來，但如果是細長長的狀態進到胃或腸道的話，有可能會卡在腸道某處。

然後，因為某種原因，卡在腸道裡的線被拉緊，導致血液循環障礙。當出現血液循環障礙時，腸道就會壞死，所以需要透過手術切除該部分，小小的線釀成我們想都沒想過的大事。

此外，口香糖也很危險。口香糖剛開始很硬，但咀嚼後會變軟，所以可能會不小心吞下去。也有可能會發生卡在喉嚨的意外。如果誤食人類食用的木糖醇口香糖，會引發低血糖或肝損傷。

狗狗誤食東西時，先試著讓牠們吐出來，如果沒有從胃裡吐出來的話，就得使用內視鏡將東西取出。如果還是很困難的話，就要進行手術，所以徹底預防這種情況發生是很重要的。

不只是把狗狗留在家裡時要小心，飼主在身邊時也一定要多留意。

4

健康管理

自然派獸醫實踐的家庭日常護理

飼主可做的居家觸診

在狗狗的健康管理中，家中互動是不可或缺的，建立可以與狗狗互動的良好關係非常重要。

如果能透過觸摸身體與狗狗交流，牠就更願意讓你觸碰較敏感的部位，而你可以從這些部位了解其身體的狀況。

這並不代表「健康管理一定要透過觸摸來檢查身體」，而是**允許觸摸互動的關係更容易察覺到細微的身體變化**。

接下來介紹幾個可在生病前捕捉到「異常徵兆」的每日檢查重點。

藉由「上下其手」判斷狗狗是否得病

我會建議擦拭狗狗的身體。一天一次，時間點在散步過後就可以了。

按順序檢查臉部（頭部）→頸部→肩膀→前腳（肉球）→胸部→腹部→背部→後腳→臀部→尾巴。

♥臉部檢查重點

最容易判斷的部位是「臉」。用一條泡過熱水的熱毛巾，用力擰乾後，先擦拭眼睛。

這時候，不要光擦拭，擦完之後要好好觀察狗狗的眼睛。**「有沒有眼睛分泌物？」**、**「眼睛有沒有灰白混濁？」**、**「眼睛紅不紅？」**或許可以早期發現結膜炎、角膜炎、青光眼或白內障。

每天持續做這件事的話，很容易察覺到細微的變化。

接著是鼻子、臉頰、嘴巴。有沒有哪裡腫脹？有沒有長疣？嘴巴周圍有沒有發紅？

隨著年齡增長，狗狗的牙齒可能會流膿。只要讓狗狗張開嘴，就能看到牙齒和牙齦。

偶爾拍照記錄牙結石的狀況也是個好方法。牙齦呈現粉紅色是正常的，可能會有幾處黑色素沉澱，但不構成問題。

如果可以偶爾摸一摸嘴巴裡面會更好。當你在觸摸狗狗的牙齦時，覺得沒有很溼潤的話，可能就是缺乏水分。如果口腔持續乾燥，細菌容易繁殖，也容易形成牙結石。

接著從額頭到耳朵。不需要擦拭到耳朵裡，只要檢查一下是不是剛剛好的健康粉紅色、有沒有臭味。

如果狗狗的耳朵發紅腫脹，那就很有可能是罹患外耳炎。檢查有沒有耳垢也是很重要的。一般來說，狗狗的耳朵裡幾乎不會有耳垢。

接著按照頸部↓肩膀↓前腳↓胸部↓腹部↓背部↓後腳↓臀部↓尾巴的順序擦拭全身。

❤頸部、肩膀、前腳檢查重點

狗狗的下巴會有下顎淋巴結，可以檢查一下有沒有腫脹。如果沒有腫脹跡象的話，那就沒有問題。

接著向下延伸，頸部和肩膀的根部會有淺頸淋巴結。如果沒有任何異狀的話，就不用放在心上。

接下來，移動到肩膀和前腳，比較看看左右邊的肩膀和前腳有沒有差異（水腫、腫脹、腫塊、掉毛）。

如果是在散步過後檢查前腳的話，可以一併擦拭肉球。看看指甲會不會長得太長了，以及肉球之間的毛有沒有長到露出來。

❤胸部、腹部、背部檢查重點

胸部和腹部可以用來檢查體型。要是摸得出肋骨的話，就是剛剛好。**如果肋骨清晰可見的話，那就是過瘦的訊號；如果找不到肋骨的位置，說明身體過胖**。

此外，狗狗的背部剛好可以摸出脊骨是最適當的。髖骨也是一個指標。同樣的，剛好可以摸出髖骨是最適當的。狗狗的腋下兩側會有腋下淋巴結。

如果沒有任何異狀的話，就不用放在心上。

有餘力的話也可以檢查心跳聲。每天持續做這件事，很容易察覺到心跳聲的細微變化。當你觸摸狗狗的腋下左側時，牠的心臟就在附近，你可以感覺到心跳聲和振動傳到你的手裡。

我們要檢查的不是心跳的速度，而是心跳聲的感覺。

心跳聲通常會是「咚咚」的太鼓聲。相反的，如果你感覺到的是「沙沙沙沙」，和平時不一樣的話，那或許是雜音。有可能是罹患了心臟疾病。只不過，胖胖的狗狗會很難感覺到心跳聲。

當你在觸摸母狗的腹部時，左右兩邊各會有四到五顆乳頭。如果在乳頭附近感覺到有疣的話，則可能是乳腺腫瘤。

❤腰部、後腿、臀部、尾巴檢查重點

腰部有點曲線是最理想的狀態，看不到腰部曲線的狗狗就是有點胖了。

臀部、尾巴、後腳一樣比較看看左右邊有沒有差異（水腫、腫脹、腫塊、掉毛）。

後腳的膝窩會有膝窩淋巴結。如果沒有任何異狀的話，就不用放在心上。在檢查尾巴時，也可以看一看肛門。不用觸摸，只要用眼睛觀察就好。如果有腫塊或掉毛等異樣，就會馬上發現。

肛門周圍、耳朵的毛和眼睛周圍的毛可能會比較稀疏。如果狗狗出現用前腳搔抓眼睛周圍、在地面磨蹭臉部、走路時摩擦肛門、很介意肛門周圍而不停舔舐，或試圖舔舐等症狀，毛髮變得稀疏可能是過敏導致的，請帶著狗狗到醫院就診。

當飼主像這樣**慢慢摸遍全身，為愛犬做日常觸診，如果有什麼異常就可以及早發現，也可以和狗狗進行身體接觸的互動，一舉兩得**。

我介紹的方法是非常仔細的檢查方式，如果飼主很忙碌的話，只是稍微摸一下也沒關係。

或是在陪狗狗玩耍的時候，順便摸一摸全身就可以了。一旦熟悉這個流程後，就可以迅速又精準地檢查全身。

今天的走路方式不太一樣？

飼主可以在散步的時候一邊觀察狗狗走路的姿勢，可以找到導致關節炎的早期徵兆。

明明會走也會跑，但腳著地的方式和伸展的方式很奇怪。這些都是必須客觀觀察狗狗走路的樣子，才能判斷出來的。

但畢竟獸醫看不到狗狗平時走路的樣子，只有飼主才能觀察狗狗散步時的走路方式。如果可以的話，最好錄下狗狗散步時的影片來檢查。

在診所裡，會有飼主告訴我：「狗狗走路的姿勢不對勁」、「跑是能跑，但有時候會抬著腳」等。飼主之所以會提出這樣的擔憂，是因為他們每天都會觀察狗狗的動作。只不過，有些情況光是散步也難以察覺。

更何況，如果「腳著地的方式有點奇怪」、「腳的行動有點不自在」這種程度的異樣的話，大多時候狗狗自己都沒有放在心上，所以飼主也很難察覺。

實際上，這種程度的症狀處於關節炎的早期階段，即便接受檢查也不一定檢查得出來。正因為如此，如果在這個階段及早發現異常並加以應對的話，狗狗就可以憑藉自己的力量恢復到原來的狀態。

當情況太嚴重時，就會出現腿部彎曲、走路速度變慢等症狀。肥胖的狗狗膝蓋的負擔較大，所以要特別留意。

及早發現可以預防關節炎，讓狗狗擁有可以行走一輩子的健康長壽。

此外，出現前述異狀的狗狗，都在服用Omega-3補充劑和充分休息後，情況有所改善。

尿液顏色透露的身體狀況

便便的狀態和尿尿的顏色是判斷狗狗身體狀況的檢查重點。

當狗狗在家裡或散步時排泄後，請先觀察便便和尿尿的狀態後再清理掉。

只不過，如果狗狗是在散步途中尿尿的話，飼主就沒有辦法判斷尿液的顏色。即便在家裡有使用尿布墊，但許多尿布墊都是淡藍色的，很難分辨出尿液的真正顏色。

面對這種情況，我來介紹一個可以分辨出尿液顏色的**尿布墊使用祕訣**。

首先，在狗狗的廁所鋪上保鮮膜，再將尿布墊反過來放在上面。也就是說，你可以讓狗狗尿在不吸水的那一面（通常是白色的）來掌握尿液的顏色（因為這一面不吸水，所以要在上面鋪一層保鮮膜）。但這種方式很麻煩，所以大概每個月檢查一次尿液顏色就可以了。

相對的，每天都要注意觀察尿液的排放情況、排放量、排放次數。

順帶一提，如果排尿次數增加了，可以懷疑是膀胱炎。反過來說，如果排尿次數減少了，可能是尿路結石卡在尿道或某種原因引起的身體不適。

至於便便的顏色，沒有辦法很精準地分辨疾病的徵兆。

這是因為便便的顏色會隨著吃下肚的乾飼料或食物而改變。但是，偏黃的大便被稱為脂肪便，是含有大量脂肪的大便，所以會懷疑是有胰臟方面的疾病。

此外，如果排便量很多，代表身體沒有吸收食物的養分。無論是飲食問題還是腸道問題，兩方面都要考量。

至於硬度的部分，不軟不硬是最剛好的。

如果跟石頭一樣硬，就是缺乏水分的跡象。相反的，拉肚子的情況就比較難診斷了。這還要看是水便還是泥狀的，但說到拉肚子，最常見的原因就是「吃壞肚子」。如果還伴隨「發高燒」，可能是感染了某種傳染病。

大多數狗狗拉肚子的情況，不用特別做什麼也會慢慢減緩。在我的診所，即使碰到拉肚子的狗狗，只要看起來很有精神，我幾乎都不會特別做什麼。

拉肚子是身體想要將異物排出去的信號，所以不能胡亂用止瀉藥來阻止它。為了幫助身體排除異物，我們應該選擇「不做任何事」，讓腸胃好好休息。

但如果狗狗在拉肚子過後疲乏無力的話，請盡快到醫院就診。

經常有飼主問我狗狗需不需要做健康檢查。從健康管理的角度來看，每年做一次健康檢查比較保險。儘管如此，也請避免進行不必要的檢查。如果要讓狗狗做健康檢查，我會建議做超音波檢查或尿液檢查，這些檢查比較不會讓狗狗感到壓力，而且不會疼痛。

最近得知血液檢查需要抽取〇．一㎖的血液，而〇．三㎖的血液就能進行充分的檢查。我原本以為，身體不舒服的時候一定要做檢查才能知道原因，但其實不見得是這樣。

每隻狗狗的正常範圍都不一樣。我想，我們不應該根據當場的檢查結果來判斷，而是透過健康檢查累積的血液檢查數據，從長期觀察來指出惡化的問題所在，這麼做是更理想的。

錯誤百出的皮膚保養——幫狗狗洗澡時不該做的事

對於狗狗來說，健康的皮膚也是長壽的關鍵。

作為一名獸醫，我當然也可以檢查皮膚，但觀察的角度難免更傾向「醫生」。所以，我們診所同時附設了「護膚沙龍」。

有一種說法認為**皮膚就像五臟六腑的鏡子**，皮膚可以傳達出來的資訊遠比我們想像的還要多，也非常重要。

不是想著：「我家狗狗沒有皮膚問題，所以沒事！」正如人類會每天洗澡保養皮膚一樣，我們應該把狗狗的皮膚護理視為日常保養的一部分。

在我們診所，內人長谷川綾會從寵物美容師的角度管理動物的健康。

結合內人的建議，接下來我將分享讓狗狗長壽的皮膚護理方式。

標示「狗狗專用」卻引起皮膚問題的用品

市面上販售著許多狗狗專用沐浴乳，讓毛髮蓬鬆的美容沐浴乳、聞起來很香的沐浴乳、除蚤沐浴乳……不光是寵物美容師，只要具備護膚知識的人都不會用大賣場裡販售的那種沐浴乳的。

說到底，**狗狗的沐浴乳被視為「雜貨」**，沒有義務標示所有成分。

此外，許多標榜可以除蚤或改善皮膚問題的藥用沐浴乳，都只有標示有效成分。

在消費者的眼中，乍看之下像是「只有」好的成分，但實際上並非如此，而是「你不知道裡面有什麼成分」。無論對於改善皮膚問題多麼有效，飼主應該都不想把成分不清不楚的東西用在狗狗身上。

主打「蓬鬆」、「花香」、「持久」等效果的產品，打開就會發現裡面含有合成界面活性劑，如果沒有沖洗乾淨的話，狗狗也有可能因此罹患皮膚病。

具體來說，稱為膿皮症，通常伴隨著搔癢、掉毛、發紅和溼疹等症狀。

如果使用含有合成界面活性劑的沐浴乳，再加上飼主的清洗方式，很容易引起皮膚症狀。

比起保溼霜，水分對狗狗的皮膚更好

說到市面上有販售且飼主也容易購買的沐浴乳，我會推薦對皮膚傷害較小的胺基酸沐浴乳。

但缺點是污垢沒那麼容易去除乾淨。飼主在家幫狗狗洗澡的頻率大約是一到兩個月一次，比較頻繁的頂多也是兩週一次。雖然在間隔時間內堆積的污垢量和皮脂量因狗狗而異，但實際情況下，胺基酸沐浴乳可能無法充分清潔乾淨。

對皮膚沒有負擔確實是好事，但去除皮膚上的污垢並調節多餘的細菌，才是沐浴乳原本的功用。

我們診所認為，這類型產品雖然對皮膚很溫和，但只有去除表面上的污垢，對皮膚健康並沒有幫助。

因此，**對於自助幫狗狗洗澡的飼主，我們診所推薦以皂基製成的沐浴乳**。挑選沐浴乳的標準是「是否容易沖洗」和「是否容易殘留在皮膚上」。合成界面活性劑很容易殘留在皮膚上，所以必須徹底沖洗乾淨。皂基沐浴乳不容易殘留在皮膚上，萬一殘留在皮膚上也很少引起皮膚問題。

不過，皂基沐浴乳也有缺點。由於它可以去除過多的皮脂，因此皮膚和毛髮中的水分很容易蒸發。用皂基沐浴乳洗完以後，再噴灑化妝水。我們診所使用的化妝水基本上主要成分都是水，不含玻尿酸或膠原蛋白。

以人類的角度來說，一提到保溼，往往會想到含有玻尿酸或膠原蛋白的東西。但對狗狗來說，重要的是「為皮膚補充水分」。

如果狗狗擁有健康的皮膚，皮膚會自己分泌皮脂適度覆蓋表面，不需要再塗抹保溼霜或潤膚膏。皮脂較少的高齡犬和罹患皮膚病的狗狗，則需要仔細地噴灑。

皮脂膜就像天然的保溼霜，對於皮膚健康至關重要。皮脂膜覆蓋皮膚表面所需的時間有個體差異，但在皮脂膜形成期間，皮膚很容易因為吹風機的熱度或風量，導致流失水分，所以我覺得噴灑水分是很重要的。

但需要注意的是，為了避免毛巾擦拭掉噴灑上去的水分，最好在噴灑水分之前，先用毛巾徹底擦乾。

那麼，我們該怎麼在毛茸茸的狗狗身上噴灑水分呢？

如果家裡飼養的是博美犬、或喜樂蒂牧羊犬這類毛茸茸的狗狗，你可以先用手把毛髮撥開，沿著脊骨噴灑水分，然後水滴就會自然向下滴落。

如果是約克夏、馬爾濟斯這種毛量較少的犬種，則是直接噴灑在毛髮上，之後再順著毛流輕輕撫順就可以了。

不花錢也能洗得乾淨

你知道如何正確地幫狗狗洗澡嗎？很多時候，你以為自己很努力地洗了，但其實根本沒有洗乾淨。

沒有洗乾淨的話，很快就會有異味。實際上也有客人告訴我們：「以前請別人幫狗狗洗澡，隔天還是會有一股獨特的氣味，我本來以為這樣是正常的，結果在你們這邊洗完，一整個月都沒有味道，我超驚訝的。」

清潔皮膚可以抑制氣味產生。

有個方法可以提升在家洗澡的品質又能節省時間，那就是洗沐浴乳泡泡澡。準備一個澡盆，只要裝得下狗狗，是什麼容器都可以。

像我們診所用的是洗衣籃，準備可以蓋過狗狗半身的熱水，加進可以起泡的沐浴乳，讓狗狗直接泡進去，也不用先淋溼。這麼一來，不喜歡淋浴聲的狗狗也不會害怕。

讓狗狗泡進泡泡澡後，再將澡盆裡的熱水潑灑到全身。腳很容易髒，可以直接用沐浴乳洗。如果浴缸裡的熱水看起來很髒，可以先把狗狗從澡盆裡抱出來，再用同樣的方式準備新的一盆沐浴乳泡泡澡，然後再洗一次。

有些狗狗不喜歡泡在熱水裡，這種情況就不要用水沖，將熱水倒進洗臉盆裡，加入足夠的沐浴乳，使水呈現稍微混濁，攪拌均勻後沾溼全身。整個身體浸溼的速度會比只用熱水還要快。之後，再用沐浴乳起泡清洗整個身體。

飼主在幫狗狗洗澡時，有時候會洗得太用力。但有些污垢並不是用力搓就搓得掉的。

人類的手指很粗，所以很難清洗到狗狗的細毛之間的縫隙。

洗衣籃

飼主常常會只有洗到毛，而沒有洗到皮膚。皮膚沒有清洗乾淨的話，就會產生異味。

如果是柴犬這種毛髮濃密的犬種，洗的時候要用針梳（末端是金屬），讓沐浴乳可以滲透到毛髮和毛髮之間，掉毛嚴重的時期用橡膠梳會比較方便。但對於馬爾濟斯、約克夏、貴賓狗等毛量較少的犬種，可以用手指清洗，但請注意不要豎起指甲。

沖水的時候請沖洗乾淨。為了避免界面活性劑殘留，需要徹底沖乾淨。沖洗的時候也可以活用洗澡水。在澡盆裡放入比沐浴時更多的水，在裡面稍微沖洗一下，最後沖洗時，再將狗狗從澡盆裡抱出來淋浴。

經常有飼主跟我說：「我也不曉得是不是真的沖乾淨了。」但原因是他們不知道徹底沖洗乾淨的手感。

大家看過洗碗精的廣告裡，用手指搓一搓便當盒會有啾啾聲的畫面嗎？就像那樣的感覺，**當你搓揉狗毛時，覺得有啾啾聲就是沖洗乾淨了！**

如果還有點滑滑的，那就代表還沒沖乾淨，就繼續沖洗到會發出啾啾聲為止吧。

橡膠梳

針梳

車用吸水毛巾的神奇功用

現在洗完澡了，要用毛巾擦拭。應該有很多飼主為了擦拭毛茸茸的狗狗，要準備好幾條毛巾，要吹乾也很花時間，所以很傷腦筋。

身為寵物美容師的內人也試過包括寵物吸水毛巾在內的各種產品，想找出最適合拿來擦拭狗狗的毛巾。寵物吸水毛巾雖然具有優秀的吸水性，但通常又大條又厚重，使用起來很不方便。其中，好不容易找到令人眼睛為之一亮、也想推薦給大家的毛巾，那就是生活賣場的汽車用品專區販售的車用吸水毛巾。這是用來擦車的毛巾。

汽車用品專區販售的毛巾擁有頂尖的吸水性，尺寸較小，最大的特色是乍看之下像硬紙板，但一遇水就會變軟。

很多毛巾的纖維是環狀的，狗狗的毛髮可能會卡住。尤其是已經有皮膚問題的狗狗，毛髮被拉扯時會感到疼痛。

使用這種車用吸水毛巾的話，只要在狗狗身上按壓就能吸取水分。**在充分吸收水分後再使用普通毛巾的話，會減少毛髮的摩擦，毛髮也比較不容易纏結，就不需要用到那麼多條毛巾了**。

另外，我再用這種車用吸水毛巾，教大家一個**讓討厭淋浴聲的狗狗也願意乖乖洗澡的訣竅**。用吸水毛巾蓋住蓮蓬頭的話，會減輕水聲和水壓，沾溼身體時就可以

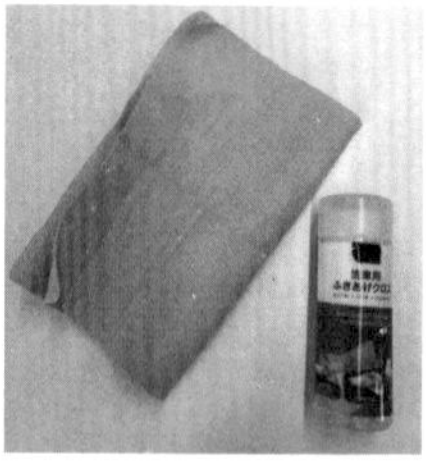

車用吸水毛巾

讓狗狗不那麼抗拒。
如果狗狗還是很害怕，可以用吸水的毛巾擦拭來沾溼毛髮。

如何讓狗狗愛上梳毛

定期梳毛有改善血液循環等好處。

我想很多飼主都是用針梳幫狗狗梳毛，但更令我在意的是梳毛的力道。**很多飼主都梳得太大力了**。有的人因為狗狗的毛髮很濃密，看起來很癢，就梳得很用力，我會請他們用針梳在自己的手上梳梳看。

如果梳下去看到手上有清晰的白線，那就不行！梳太大力了。像馬爾濟斯、約克夏、貴賓狗這些狗狗屬於單層毛，梳毛的力道太大的話，皮膚很容易受傷。如果你太用力梳馬爾濟斯的毛的話，牠的耳朵甚至可能會出血。

另外，洗澡完用吹風機幫狗狗吹毛髮時，沒有完全吹乾的話，梳毛的力道就會越來越大。要是梳子擋住了吹風機的風，反而會更難吹乾。然後就梳得越來越大力，形成惡性循環。

我會建議使用頭部略微彎曲的梳子，因為它不會擋住吹風機的風，更容易吹乾。

為什麼要梳毛？

力道恰到好處的梳毛，不僅可以促進血液循環，還有放鬆的效果。如果狗狗喜歡梳毛，一定要養成習慣。

但是，強行要「把打結的毛髮梳開」的行為對狗狗來說是不舒服的。狗狗打結的毛髮交給寵物美容師去梳開會比較好。如果飼主硬是要梳，狗狗只會越來越討厭梳毛。

修剪的時候，不可避免地要經常幫狗狗梳毛，還需要常常觸碰到狗狗，飼主能讓狗狗不要那麼抗拒被觸碰的話是最保險的。

就算只是梳一梳表面，也要讓狗狗習慣被梳毛。

☆寵物美容師教你溫柔解結

有些狗狗的毛髮很容易起毛球。飼主最常做的事就是，用含有護髮成分的沐浴乳、潤髮乳讓毛髮維持蓬鬆狀態，比較不容易結成毛球。其實這麼做會使毛髮變得柔軟，反而更容易打結。

如果沾在皮膚上可能會堵塞毛孔，因此想要護理毛髮的人最好在吹完毛髮後使用噴霧。

當毛球形成時，有些人會試圖用梳子梳開。**毛球在乾燥的狀態下用梳子也很難梳開**。如果飼主想在家裡自己梳開毛球的話，可以將沐浴乳塗抹在毛球上並仔細搓揉。接著，沐浴乳就會附著在毛球上，去除那些導致毛髮纏繞的皮脂和污垢。

之後再用吹風機，一邊吹一邊用梳子按壓，就會很容易梳開了。

但在溼潤的狀態下搓揉的話，只會纏繞得更嚴重。這就是為什麼我建議狗狗要洗澡。

在澡盆裡泡一泡，污垢就會隨著溫水而脫落。泡在澡盆裡，徹底溶解那些易受熱溶解的污垢。

之後再用沐浴乳去除打結處的皮脂和污垢的話，飼主也能輕鬆梳開毛球。

稱職的狗奴不必花大錢

飼主想去除眼睛分泌物是很辛苦的。要是積太多會有異味，還會結團成硬塊，不泡水軟化的話就無法去除。

如果硬化到束手無策的話，就只能請寵物美容師處理。但日常在家去除眼睛分泌物的時候，又搓又撥的，淚溝的範圍就會變大，所以用細齒梳挑起來再擦拭的話，比較容易去除。

我推薦除蚤梳，用起來很順手。在寵物用品店或網路上都買得到。我們診所也有狗狗專用和貓咪專用的除蚤梳。

耳朵護理最怕過度清潔

很多飼主在做耳朵護理的時候，都會使用棉花棒吧。棉花棒的棉球對狗狗的耳朵來說有點硬，所以先用手指稍微捏一捏揉一揉，弄軟後再使用。

訣竅是盡量讓棉球軟軟蓬蓬的，但不要露出纖維。再用變得柔軟的尖端輕輕擦拭耳朵即可。不過，耳朵護理並不需要太頻繁。迅速看一眼，不怎麼髒的話，擦拭一次就足夠了。

擦拭的時候**最好不要用潔耳液**。動物醫院和寵物用品店都有販售潔耳液，但大部分產品都含有酒精，可能會對耳朵產生刺激。

耳朵的黏膜很薄，是很容易受傷的地方。尤其外耳炎是一種發炎的狀態，如果用含有酒精的潔耳液擦拭的話，潔耳液會造成刺激，使發炎加重。潔耳液本身並沒有任何治癒作用，只有清潔用途而已。

只要將棉花棒浸泡在溫水中，再用來去除耳朵上的污垢就足夠了。

你也可以把化妝棉泡在溫水中，然後擦拭手指可以觸及的範圍也是一個好主意。要是溫水跑進耳朵裡了，只要晃一晃身體就可以甩出來，所以沒關係。

背，異味的聚集處

如果是污垢較多或氣味較重的狗狗，使用前面介紹的洗衣籃簡易泡澡非常有效。

即使是一個月洗一次澡的狗狗還是會有污垢，但如果是固定一個月一次的頻率的話，單純沖澡也可以洗淨很多污垢的。

不過，好幾個月才洗一次澡或氣味很令人在意的狗狗，皮膚上可能會有硬化的黑色污垢，或者是奶油色的皮脂會像髮蠟一樣凝固。到了這種程度，光靠沖澡是不能洗淨污垢的。

需要浸泡在熱水裡，讓皮脂等污垢慢慢軟化溶解。不一定要用沐浴乳，只有熱水也ＯＫ。

室內犬的氣味來源是「背部」。

背部會分泌較多皮脂，請一定要徹底清洗乾淨。

把狗狗放到溫水裡時，讓牠約一半的身體（到腹部）都浸泡在溫水裡。

一旦肚子暖和，狗狗也會很舒服，所以會很溫順地待著。經常去散步的狗狗在踢腿時，往往會弄髒腹部，所以有時候是腹部會有異味。尤其是短腿的臘腸狗和西施犬，更應該好好清洗肚子。

簡易泡澡的好處在於，不僅可以去除污垢，而且比淋浴更節省。

在家裡進行的污垢和異味護理，改為以這種方式持續一段時間便會大幅改善。當然，如果飼主不排斥，在家裡的浴缸裡也沒關係。以小型犬的情況來說，準備兩升的溫水就足夠了。

我在第三部分介紹了「足浴」，**我也很推薦散步過後用足浴來洗淨髒污**。

雖然有些飼主會在散步過後來回擦拭肉球，但正如我前面提及的，肉球是裸露的敏感部位。光是擦拭肉球也會產生摩擦。順著一個方向擦還好，但如果來回擦拭，時間久了，肉球會起毛球又乾燥。

人類也有類似的說法呢。美容專家經常會說不要太用力搓揉臉部，洗臉時動作要輕柔，盡量減少摩擦。狗狗的肉球也是一樣的。

肉球的乾燥在高齡犬中尤其明顯。特別是高齡犬，如果能在散步後讓狗狗泡足浴，最後再擦乾水分的話，對肉球的傷害就會減少。

雖然也有些寵物沙龍會做「肉球護理」，但與其每隔幾個月請寵物美容師做護理，飼主平時留意減少日常肉球的摩擦會更有效。

指甲裡的血管

大家都是怎麼幫狗狗剪指甲的呢？也許很多飼主都是找寵物美容師幫忙，但我可以跟大家分享一個飼主自己剪指甲的訣竅。

我聽內人說過，她過去就讀的寵物美容師培訓學校，會要求他們用免洗筷練習剪指甲。

練習的方式是在免洗筷夾取食物的那邊（尖端較細的那一側）的正中間畫一個紅點當作是血管，然後沿著血管剪掉周圍的部分。是的，狗狗的指甲中間是有血管的，不小心剪破了就會流血。

飼主往往會突然咔嚓一聲的剪掉指甲。

首先，我們就像剪指甲邊邊的概念，要斜著剪。只要不剪到中間就不會出血，所以一邊確認一邊從周圍開始剪就可以了。

人類把指甲留得太長也是危險又不衛生的，那如果是狗狗呢？指甲長得太長，最危險的是指甲會扎進肉球裡。雖然很少出現這種情況，但可以看見指甲過長會改變肉球受力的位置。

說是重心發生變化是不是比較好理解呢？人類的重量負荷也是放在腳底變硬的地方，對吧？可以想像一旦位置改變，走路就會很困難。

如果肉球承受重量的部分改變了，肉球的形狀就會發生變化，導致平衡變差，最後承受重量的負荷會落到關節上。

人類也有足弓，走路時腳的其餘部分會緊貼地面。一旦重心偏離，可能會導致關節痛或腰痛。

狗狗在地板上奔跑時，發出咔嘰咔嘰的聲響的話，就是指甲太長的信號。如果聽見咔嘰咔嘰聲，就幫狗狗剪指甲吧。

順帶一提，身為寵物美容師的內人希望我提醒讀者一件事。那就是「蝴蝶結」的問題。有些寵物沙龍會在修剪完以後，幫狗狗繫上蝴蝶結，但這不是可以一直繫著的東西。繫太久會導致被蝴蝶結拉扯的地方會掉毛，毛髮有可能會纏在一起。

在我一個好友的寵物沙龍裡，有隻被繫上蝴蝶結的西施犬，回到家以後，飼主並未幫牠取下蝴蝶結。然後，在不知不覺中，綁繩卡進了狗狗的肉裡，最後那塊肉就脫落了。到了肉會掉下來的階段，組織已經壞死了，我覺得應該不會有疼痛感，但狗狗很在意就會一直撓。

我能理解飼主覺得很可愛所以想讓狗狗一直佩戴著的心情，但請避免給牠長時間戴著，盡量不超過三天。如果想要幫狗狗綁蝴蝶結，再去請寵物美容師協助吧。

日常護理可預防口腔問題

在口腔護理方面，需要注意的是形成牙結石之前的階段。在沾有牙垢的階段，如何應對很重要。

很多飼主會想：但都已經有牙結石了啊。這時，請以「不要再增加更多牙結石」的心態來應對。

最佳刷牙用具，是飼主的手

大家想到的第一件事可能是使用牙刷吧。人類會使用牙刷，狗狗也可以使用，但會用到牙刷應該已經屬於進階者了。無論是狗狗或人類幼童，需要一定熟練程度才會用。

接下來就會想到要讓狗狗吃潔牙骨吧。

有些飼主相信吃潔牙骨就能預防牙結石，或多或少會有效果，但仔細聽下來，發現使用方式根本不對。

潔牙骨要好好咀嚼、長時間咀嚼才會發揮效果。**咀嚼會增加唾液量，並調節口腔內細菌的平衡**。

聽說嚼了十次就可以嚥下去，但這樣是不是真的就有效果，我仍存疑。這只是滿足味覺享受，多攝取了卡路里而已。有飼主為了讓狗狗咀嚼更久，就選用較硬的潔牙骨，但要注意這有讓愛犬咬斷牙齒的風險。

接下來是玩具，我認為如果願意花時間陪狗狗玩，咀嚼玩具（例如橡膠製的）的效果也不錯。

繩結類的咀嚼玩具狗狗可以自己咬，但如果有人陪牠玩，就可以從不同方向貼近牙齒，效果會更好。

而我最推薦的方式，是用手指按摩牙齦和牙齒。因為人類的手指比牙刷柔軟，狗狗也就不會那麼抗拒。

要維持一口好牙，重點不在工具

接下來，我來說明一下按摩牙齦和牙齒的具體方法。

首先，我們要先有一個概念，這麼做與其說是「刷牙」，不如說是「按摩牙齦」。藉由觸摸牙齦來促進血液循環。

牙齦是充滿血管的黏膜。透過刺激和強化，血液中的淋巴球或白血球會更容易接觸到牙齒。

淋巴球和白血球是一種免疫細胞，可以保護身體免受病原體（例如病毒或細菌）侵害，因此強化這些細胞**可以預防牙周病，進而延長健康餘命**。

按摩牙齦的同時用手指橫向按摩牙齒。就算只是用柔軟的手指來回擦拭，牙垢也會一點一點地脫落。

飼主往往會從正面把手指伸進狗狗嘴裡。

如果要從正面把手指伸進去的話，那就不得不從上面抓住嘴巴。這麼做會引起狗狗排斥，也很難做後續步驟。

將手指放進狗狗嘴裡的訣竅是「從後面來」。繞到狗狗身後再把手指伸進牠的嘴裡的話，就只需要把嘴巴掀開，這麼做就容易多了。

要是家裡的狗狗喜歡洗澡或泡澡的話，也可以順便護理一下牙齒。就算只是用手指沾溫水搓揉，也比什麼都不做要來得好多了。

如果可以均勻按摩的話最好，但先從按摩得到的地方開始就可以了。日常護理非常重要。正如我前面提到的，什麼都不做，狗狗三、四天就會長出牙結石。口腔乾燥的狗狗更容易出現牙齒問題。不怎麼喝水的狗狗更容易長牙結石是必然的，所以請多加留意。

順帶一提，溼飼料又比乾飼料更容易附著在牙齒上，也較容易形成牙結石。而和飼料相比，手作鮮食更不容易附著在牙齒上，但這並不代表吃手作鮮食就不用做牙齒護理。狗狗和人類一樣，只要吃了東西，多多少少都會有食物殘渣附著在牙齒上，所以一定要好好做牙齒護理。

如果狗狗長了牙結石，可以到動物醫院請他們去除。

一旦進行全身麻醉去除牙結石後，牙齒就會變得乾淨而有光澤。這是因為牙結石是使用超音波洗牙機去除的。這麼一來，牙齒確實會變得很乾淨，但同時在牙齒的琺瑯質上留下細小的劃痕，也會變得更容易附著牙垢，形成牙結石。當然，牙齒會經過拋光處理，但仍然會留下細小的劃痕。

就算這樣進行全身麻醉來去除牙結石，如果平時沒有維持刷牙和口腔護理的習慣，好不容易讓牙齒乾乾淨淨、漂漂亮亮就沒有意義了。

如果真的想自己在家裡幫狗狗做牙齒護理，請不要嘗試用自己的做法，先向具備口腔護理知識的專業人士諮詢，學習不會讓狗狗排斥的護理方式。避免狗狗在護理過程中出現排斥，能讓狗狗願意讓你觸碰到其他部位。

我們常看到寵物牙齒護理產品的廣告，標榜「只要用這個就輕鬆搞定」，但有效去除牙結石的方法並不容易。

保持口腔健康所需的不是「工具」，而是「勤勞」。

是正常，還是異狀？解讀八個身體狀況

愛犬感覺沒精神、老是在睡覺、沒有食慾……雖然很擔心，但又很猶豫要帶去醫院檢查，還是再觀察幾天。

我將列出幾個在狗狗身上比較常見的身體不舒服的情況，應該要檢查哪裡，飼主又能做些什麼。

①拉肚子時還能進食嗎？

當你看到狗狗的便便軟爛，明顯是拉肚子的時候。正如我前面提到的，我們可以先想一想拉肚子代表什麼情況。

我認為拉肚子大致分成兩種情況。一是身體試圖排出「不必要的東西」。二是壓力導致的「內臟疲勞」。

當狗狗吃了某種東西，身體會有所反應、消化和吸收。只要身體判斷「嗯？這個東西對身體不好！」就會把吃下肚的東西視為異物，並試圖排出體外。這種行為就是拉肚子。身體認為必須盡早排出體外並做出反應，於是跳過消化過程，直接排泄。

我們常常會認為拉肚子＝異常，但這其實是身體的正常反應。若用藥物止瀉，等於是中斷了身體的正常行為。明明身體正在自行復原，卻反而拖長了拉肚子的時間。

醫生能做的事也不是止瀉，而是協助排除異物，也就是「什麼都不做」、「什麼都不餵」。

讓腸胃好好休息也是重要的治療方式。不可以因為狗狗看起來很想吃、看起來滿有精神就餵食，有可能吃了以後只是加重拉肚子的情況。

不過，不讓狗狗吃任何東西，讓腸胃好好休息，也就只要一天左右。先觀察一天，如果隔天一樣會拉肚子又沒有食慾，放任不管很容易出現脫水症狀，狀況可能會變得更糟。

尤其是不滿一歲的狗狗，身體還沒有辦法儲存營養，新陳代謝又很旺盛，很快就會導致營養不良。

如果連續拉肚子超過兩天，狗狗會因此衰弱得相當嚴重，也很容易脫水。在某些情況下，甚至還有生命危險。

實際上，以前也碰過「要是早點帶來醫院檢查就好了」的案例。那是一隻出生兩個半月的公的法國鬥牛犬。

飼主把牠帶到診所來並表示有腹瀉症狀。根據飼主的說法，症狀持續了一段時間，但狗狗仍然有進食，吃了平時的一半份量，所以飼主又觀察了幾天。但看著狗狗越來越虛弱的樣子，飼主覺得事態不妙，所以帶到了診所來。當時，狗狗已經持續腹瀉了四天左右。

在看診前就明顯看得出狗狗的虛弱。我立刻為狗狗吊點滴，讓牠住院了兩天左右，幸好康復了。

另一方面，也有狗狗因此離世的案例。

一隻玩具貴賓犬（出生三個月．母）出現腹瀉和噁心的症狀，持續三天左右後到診所就診。雖然一度好轉，但在住院第四天，體力突然下降，很遺憾的是沒有救回來。

這種時候，沒能把狗狗搶救回來，讓我感到非常歉疚。同時也會忍不住想，如果可以再早一點帶來就好了⋯⋯

大多數飼主平時都需要工作，即使狗狗身體有點不舒服，很多人會想：「等到（不用工作的）週末再帶去醫院檢查好了。」雖然能理解飼主們的難處，但這也是讓人很苦惱的情況。

發現狗狗的樣子不太對勁時，請先仔細觀察。如果有疑慮的話，請盡快帶到醫院去。

「什麼都不做」、「什麼都不餵」的做法，充其量只適用於「狗狗雖然拉肚子了，但還是很有精神，會喝水，也有食慾」的情況。**要是狗狗沒有精神也不喝水，請立即前往醫院**。

②健康的排便頻率

理想的情況下，狗狗吃了幾餐就應該大便幾次。以一天兩餐的狗狗為例，最好要排便兩次。

當然，排便的次數和時間會因狗而異，所以飼主要每天觀察情況，如果覺得和平時不同，沒有照常排便時，請多加留意。

排便也是狗狗的健康指標。如果可以保持一樣的週期，那是最好的。

當狗狗沒有排便時，飼主可以做的第一件事就是觀察。摸摸肚子，有沒有鼓鼓的？狗狗的精神狀態如何？有沒有吃了什麼難以消化的東西？消化所需的時間拉長，排便就會更少次。

接下來，飼主能做的事就是搓揉狗狗的肚子，促進腸胃蠕動。當人類嬰兒便秘時，父母也會在肚子上以畫圓的方式按摩。這是同樣的原理。

按摩不僅可以刺激腸胃蠕動，還有助於放鬆。就像對待嬰兒一樣，按摩時動作要溫柔而緩慢。

此外，多喝水和攝取富含膳食纖維的食物也很有效。比方說，吃糯麥、滑菇、秋葵、寒天的話，可以改善腸道環境並軟化糞便，有助於排便。膳食纖維中又以水溶性膳食纖維為佳。如果在飼主的照顧下依然沒有排便，有可能是其他疾病，請務必去就診。

③看起來不舒服時，請檢查體溫

如果看不出哪裡有問題，但狗狗好像身體不舒服的話，先摸摸耳朵確認吧。狗狗耳朵上的毛比較少，所以很容易檢查體溫。**如果狗狗身體不舒服有發燒的話，耳朵也會發熱**。狗狗的耳朵只有外面長毛，裡面幾乎沒有長毛。在觸碰耳朵的時候，可以輕輕捏住，然後就能從沒有長毛的地方感受到體溫。

狗狗的正常體溫大概在三八·五度左右，但即使只是升到三九度，摸一下耳朵也感覺得出來。

獸醫在測量體溫時，會把體溫計放進狗狗的肛門裡，飼主則可以藉由摸摸耳朵來判斷狗狗有沒有發燒。

此外，如果是天天和狗狗互動的飼主，光是抱起狗狗就會察覺到牠的體溫比平時高。

在幫就診的狗狗測量體溫，發現高於正常體溫時，我會問抱著狗狗的飼主：「有沒有覺得狗狗的體溫比平時還要高？」大多時候他們都會回答：「這麼一說好像是。」

當狗狗看起來身體不舒服時，只要特別留意，光是抱起來就能察覺出異樣。

狗狗看起來身體不舒服時，飼主應該也會希望在家裡也能照顧狗狗吧。這種時候我推薦大家進行「**背線按摩**」。狗狗的背部有自主神經。只要輕輕按摩背部，就可以幫助狗狗感到平靜和放鬆。

按摩方式也很簡單。輕輕地搓揉頭部、頸部、背部和尾巴根部就可以了。一遍又一遍地慢慢重複，讓狗狗平靜下來。

④體溫偏高時別急著「補充體力」

我前面也提到過，如果覺得狗狗的體溫比平時高的話，不要勉強牠，讓牠好好休息是很重要的。

當狗狗的體溫偏高，你可以當作狗狗的身體正在奮鬥。身體正在透過提高體溫來消滅並排除對身體不好的東西。

當狗狗明顯身體不舒服，甚至伴有噁心、或腹瀉等症狀，帶牠去動物醫院是基本原則。但如果覺得可以觀察看看的話，就做我剛剛介紹的背線按摩讓狗狗平靜下來。

這種時候不讓狗狗進食也沒關係。**有人可能會想：「吃東西可以補充體力不是更好嗎？」但這是錯誤觀念**。

吃了東西以後，身體就需要消耗熱量來消化和吸收食物，反而會耗費體力。只要讓狗狗補充足夠的水分以防止脫水，充分休息會好得更快。

人類在身體不舒服的時候，也是什麼都不做，以休息為主，對吧？狗狗也和人類一樣，具備自然治癒力，身體會努力治癒自己。就讓狗狗充分休息，養精蓄銳，等待身體自然回復吧。

此外，如果真的要餵食狗狗，請給牠吃一些容易消化的食物。**比起稀飯，我會推薦米湯這一類水分較多的食物**。

在補充能量方面，米飯會比乾飼料更好。乾飼料會在胃裡膨脹，並且需要時間消化，對身體不舒服的狗狗來說，會對腸胃造成負擔。

如果手邊只有乾飼料，請先用水浸泡過並少量餵食。

⑤空腹嘔吐時，仔細研判病因

狗狗吐了！！

飼主應該都會很驚慌、很著急的吧。不過，請先冷靜下來。這些症狀都是有意義的。請仔細觀察狗狗嘔吐後的狀態。

- 昏迷或經常嘔吐↓去醫院。
- 躺著↓多加留意，每隔十分鐘觀察一次。
- 精神越來越好↓觀望。
- 沒什麼變化，一樣很有精神↓觀望。

然後，回想一下可能導致狗狗嘔吐的行為。有沒有誤食？不對勁的狀態是否持續了一段時間？身體有沒有發熱？

毫無預兆地嘔吐是身體想排出某些東西的證據。有可能是最近進入體內的東西，原因也有可能發生在更早之前。或許是因為某些東西的積累，結果出現了「嘔吐」的症狀。無論如何，觀察是很重要的。

有時候狗狗會在空腹的狀態下嘔吐。有些飼主會覺得：「就是肚子餓才吐的啊。」對相似的個案我的改善建議是：「在餐與餐之間餵狗狗吃東西（少量多餐）。」

換句話說，盡量減少空腹時間，可以避免胃酸對胃黏膜的侵蝕。這麼一來，也可以改善噁心的症狀。實際上，很多狗狗因此不再嘔吐。

但當我重新思考「嘔吐」的原理時，我不禁想：因為空腹而嘔吐是正常的嗎？一般情況下，會因為肚子餓而嘔吐嗎？以人類的角度來說是很難想像的。

野生動物或動物園裡的動物也不會嘔吐。這樣一想，嘔吐應該是身體出現問題的信號。如果又勉強餵食的話，可能會使病狀更加惡化。

胰臟又被稱作「沉默的器官」，是釋放消化酵素來促進消化的地方。狗狗進食的時候，胃裡的消化運動會形成刺激，促使胰臟分泌出消化酵素。

狗狗在空腹時嘔吐的情況，我們可以視為消化酵素分泌過多導致的。當消化酵素分泌過多，就會刺激到自己的身體。

在這種狀態下餵食的話，食物和消化酵素可充分混合，讓噁心感暫時消退，但身體也有可能向胰臟下達「釋放更多消化酵素」的指令，導致分泌出更多消化酵素。如果反覆出現這種狀態，炎症就會變得更嚴重，胰臟本身也會發炎。這就是「胰臟炎」。

人類也有可能會罹患胰臟炎。不久前，有位藝人因為酗酒而罹患胰臟炎，結果變得很消瘦。如果罹患胰臟炎，必須要讓胰臟充分休息，所以飲食和水分攝取都會受到限制。

即使是動物，一旦罹患胰臟炎，也會受到相當嚴格的飲食限制。因此，飼主們要知道這一點，如果狗狗是被診斷出由於空腹而嘔吐，並按照獸醫指示少量多餐餵食的話，也有可能會讓病狀變得更加惡化。甚至有可能會出現「嘔吐」→「空腹」（肚子餓）→「不餵食」這種矛盾的應對方式。但即使是這種情況，也要為狗狗補充充足的水分。

雖然說起來有點困難，但重要的是飼主不要在狗狗吐的時候輕易判斷是空腹所造成，也不要勉強狗狗進食。

⑥沒來由地體重減輕

如果狗狗像平時一樣進食，但體重卻減輕了該怎麼辦？

肉眼可見的跡象是肋骨變得明顯、脊骨變得凹凸不平。

變瘦還有可能是另一個原因，那就是飼主看狗狗年紀大了就換成高齡犬用乾飼料。

正如之前所說的，為高齡犬的食品往往會減少蛋白質和脂肪的比例，所以狗狗吃著吃著就會變瘦。如果餵食正常份量的乾飼料，狗狗還是變瘦的話，那就是這一款不適合狗狗。

就像我前面分享的案例一樣，狗狗的身體狀況在換了飼料以後變差的話，那代表身體狀況良好時所吃的更適合牠。碰到狗狗體重下降的情況，我會建議飼主換回之前吃的乾飼料，有不少飼主跟我回報「體重又變回來了」。

除此之外，也有可能是罹患其他疾病。

心臟疾病、腎臟疾病、肝臟疾病、荷爾蒙失調，身體任何地方存在腫瘤等。生病時，身體會消耗能量來治癒疾病。第一個消耗的會是食物。如果還是不夠，就會消耗肌肉或脂肪。

病情越嚴重，消耗的能量就越大。身體就會越來越消瘦。

如果你覺得瘦了，就帶牠去動物醫院吧。

⑦指甲出血時，用按壓或片栗粉止血

飼主在幫狗狗剪指甲時，不小心剪得太深，指甲就會出血。

當你帶狗狗去動物醫院時，院方會用一種以硫磺為主要成分的「止血粉」來止血。止血粉屬於動物用藥品，但在網路上也買得到，可以常備在家中的話，狗狗受傷時就可以馬上處理。

雖然沾上粉末就能止血，非常方便，但畢竟是透過化學反應引起的止血效果，所以狗狗是會感到疼痛的。

如果只是指甲出血，廚房裡就有的東西也可以拿來代替使用。那就是片栗粉。**片栗粉可以形成薄膜，達到止血效果。然後再按壓，就可以止血。**

施加壓力的方法很簡單。剪指甲時的出血並不是指甲脫落，而是只有指甲前端出血。所以可以托住狗狗的腳，用手指緊緊按住前端的部分。那麼一來，血小板等就會聚集在一起止血。

如果用手指壓不住，可以用繃帶將整隻腳緊緊地纏住。

按壓的時間大約一分鐘。只要不是太嚴重傷口，這麼做就能止血了。

除此之外，指甲出血的另一種可能性是指甲太長了。如果指甲太長就會卡在某個地方，斷掉並流血。這是相當痛的。而且指甲不會從中間斷開，而是從根部整個折斷。

總之，指甲留長並沒有任何好處。指甲剪得短短的，碰到意外的狀況越少。只不過，還是不要自己幫狗狗剪指甲，請專業人士來剪比較好。

⑧拖著腳走路時，如何分辨是否骨折

散步的時候，看見狗狗拖著一條腿走路的話，飼主會很擔心的吧。這種時候，有的飼主會覺得狗狗走得很艱難、很可憐，盡量不讓狗狗用到拖著的那條腿。但在這之前，應該先仔細觀察一下。

就算看起來很痛，但只要腳有稍微著地，基本上飼主就可以判斷狗狗不是骨折。

另一方面，如果狗狗的腳完全不著地的話，則很有可能是脫臼或骨折。散步時，如果狗狗的腳有著地，但走得很艱難的話，就不要勉強牠走路，也不要繼續散步，直接把牠抱回家吧。處理的方式就是不要移動牠。

像是人類，如果只是瘀傷的話，只要靜養一陣子，就能再重新走路。這一點，狗狗也是一樣的。請先觀察一下情況，試著找出狗狗不能走路的原因。

我也碰過有案例是因為狗狗經常舔腳，舔到腳都腫起來了，走路才很困難。搔癢也是導致狗狗拖著腳走路的原因之一。

能察知狗狗身體變化的眼光

最後，我想聊聊人類和動物（狗）身體不舒服時的最大差別。

不同之處在於，狗狗和人類不一樣，牠們不會說話。飼主無從得之狗狗不舒服的「程度」。所以才會很擔心。

當然，狗狗不會告訴我們：「我好像有點發燒耶。」、「雖然沒什麼食慾，但休息過後就會好起來了，別擔心。」、「痛到無法忍受。」等等。

對處方藥的正確認知

有位飼主帶著他家六歲的臘腸狗來到醫院，表示狗狗的陰莖上長了粉瘤。這次來到我們診所是初診，但據說之前家庭醫生告訴他這是「尿布疹」。

改用藥用沐浴乳也沒有好轉，吃藥也沒有改善。最重要的是，飼主不是很能接受「尿布疹」這個診斷結果。因為狗狗並沒有一直穿著尿布，只有偶爾會在半夜讓牠穿上。

當我檢查狗狗的患處時，看起來並不像尿布疹。之前的家庭醫生開了標靶藥物，讓狗狗服用了一個月。標靶藥物是指只作用於特定分子（例如引起疾病的蛋白質）的治療藥物。

最近在動物醫院，如果狗狗出現搔癢症狀，這種類型的藥物似乎經常被視為首選藥物。因為效果很快，對獸醫們來說也很方便吧。

只不過，這種處方藥只是用阻斷搔癢的訊息傳遞來止癢。並沒有消除搔癢的原因，隨時都會復發。也就是說，這種藥並不能根治疾病或問題。

比方說，不用手機一會兒，畫面就會變暗，進入待機模式。但是一碰畫面又會重新亮起來。同樣的道理，「準備好搔癢隨時會復發」的狀態還在持續。如果沒有吃藥的話，就無法維持休眠的狀態，所以必須一直吃藥。

如果狗狗有過敏性皮膚疾病，導致搔癢症狀嚴重，晚上也無法入睡的話，那麼使用這一類藥物來阻斷身體傳遞搔癢訊息是有意義的。但我認為不應該在除此之外的狀態下使用。

飼主索取止癢的處方藥的目的就是要「治好」皮膚炎。而獸醫開的處方藥只能止癢，不能「治癒」皮膚炎。

飼主與獸醫對於讓狗狗服藥的認知完全不同。

「不癢」≠「痊癒」。

牢記這一點很重要。如果飼主讓狗狗服用藥物一週以上，不能接受病情的狀態的話，請務必告訴獸醫你不滿意的地方。

狗狗家人才有的互動數據

在接下來的第五部分，我將談到狗狗的臨終關懷，是否接受治療過程與結果，也將成為「Pet Loss—喪失寵物症候群」的因素之一。

請飼主千萬不要一知半解地讓狗狗服用藥物。還有，也不要接受不清不楚不明不白的治療。哪怕對診斷結果有一絲疑慮，就應該徵求其他醫師的意見。

我自己也不認為我的意見是絕對正確的。因為獸醫只是從旁協助狗狗從疾病或相關問題中恢復。

我這麼說也不怕被誤會，但我們獸醫不治病。飼主才是真正治好狗狗的人。飼主每天都和狗狗相處在一起，日積月累地互動。相信飼主自己累積的數據（例如每天的觀察和記錄等）吧。

飼主會帶狗狗去醫院，不僅是因為對症狀感到不安，也因為擔心自己的判斷吧。要清楚理解自己能「觀望」到什麼程度。如果能掌握狗狗的正常狀態以及身體不適的程度，就可以判斷出「這樣不太妙」、「該去醫院了」。

「應立即求診vs.持續觀察」的症狀評估表

下面提供一份就診檢查表，可作為飼主判斷什麼情況該立即去醫院的基準。使用這份就診檢查表的話，獸醫也更容易判斷。

尤其對於剛開始養小狗的飼主來說，應該會有很大的幫助。

肚子	□乳頭周圍有腫塊 □起溼疹 □掉毛或圓形泛紅	★★	如果乳頭周圍有腫塊，建議就診。另外如有腹部皮膚發紅、發癢等症狀，需就診。輕度的溼疹或掉毛通常不需要服用藥物。
腳	□左右腳肌肉生長程度不同 □不想走路、走路姿勢怪怪的 □經常舔指縫或腳底 □長粉瘤	★★	若狗狗有舔腳指等症狀，在家時請經常洗腳。若發現紅腫或發癢而啃咬等症狀，需就診。也有可能是腳底卡了東西，要仔細觀察。若肌肉生長或走路姿勢異常時，骨頭或關節有變化的情況居多，需就診。
肛門	□頻繁舔肛門周圍 □周圍有粉瘤或腫脹	★★	若肛門周圍有粉瘤或腫脹，需就診。若狗狗在地板上摩擦屁股的話，請至動物醫院或寵物沙龍檢查肛門腺。
尾巴	□整體毛量過少、掉毛 □被碰尾巴會痛	★★	若尾巴的毛量變少，需就診。若被觸碰尾巴會痛，需就診。
尿液	□尿液顏色透明或略帶紅色 □尿液中混著黏液 □有腥味或刺鼻的氣味 □排尿次數比平時頻繁	★★★	若排尿次數是平時的兩倍，需就診。尿液的氣味和顏色容易發生變化，最好事先掌握正常情況。若狗狗只在室外排泄，可以用面紙沾取排泄出來的尿液做檢查。尤其是結紮過後的母狗，若尿液中混有黏液或散發腥味時，應立即就診。
糞便	□糞便整體有血 □水便 □便秘	★★	若糞便上只有一點點血，可以再觀察一天。若天天排便的狗狗超過兩天沒有排便，又或是排出血便，需就診。血便指的是糞便整體都有血的狀態。 呈現液體或果凍狀，混有血液。無精打采或幾乎不動，需就診。

表 2　就診檢查表

※ ★數為建議就診程度

耳朵	□經常撓耳朵 □耳朵有異味 □耳後的毛髮變得稀疏	★★	若耳垢呈深褐色或黑色時，需注意！黃色的黏稠污垢可能是炎症或化膿。若發現搔癢並伴有耳朵發紅，需就診。發炎時氣味會發生變化，所以最好了解正常時的氣味。
眼睛	□眼白發紅 □眼睛分泌物偏黑、偏黃或偏綠 □經常揉眼睛或閉著眼睛	★★	若睜眼有困難，需就診。若發紅，但狗狗不是很在意，可依照滴眼藥水的步驟使用滴管或類似物品，將水滴入狗狗的眼睛中。眼睛分泌物偏黃時，有可能是炎症。
鼻子	□睡眠期間外，鼻子經常很乾燥 □流出黃色的鼻涕	★	即便是年輕的狗狗，若鼻子乾燥、食慾不佳的話，可能是身體不適。最好了解一下鼻子平時溼潤的程度。流黃色鼻涕持續兩天以上，需就診。
牙齒	□牙齒鬆動 □眼睛下方腫脹 □牙齦發白	★★	用手指輕輕按壓牙齦時，如顏色不變或沒有血色，請立即就診。最好順便檢查舌頭是不是粉紅色的。牙齦出血通常會很快停止，但如果超過五分鐘仍未停止，需就診。若眼睛下方腫脹並有疼痛症狀，需就診。
淋巴	□從下巴到喉嚨、前腳根部、腋下、大腿內側或膝窩有腫塊	★	若有腫塊，建議就診。若腫塊是小的，可以觀望一個月左右，觀察大小的變化等。若腫塊是大的，建議盡早就診。
胸部	□摸不到肋骨 □呼吸急促	★★	有可能是過胖，需要減重。摸不到部分肋骨時，可能是出現結塊，需就診。觀察狗狗平時呼吸的樣子。最好能說出每分鐘的呼吸次數，以及呼吸的方式是深還是淺。

「觀察情況」這個詞多次出現在本書中。就算是這麼一個詞，獸醫和飼主的理解方式就會不一樣。

聽見我們獸醫說「觀察情況」時，有的飼主會觀察一個星期。

就像前面提及的案例一樣，觀察情況的時間是一～兩天。狗狗越是年輕，觀察太久就越容易致命。

也曾有過傷口化膿，以為觀察幾天就會好起來，結果傷口越來越嚴重的案例。當我們在看野生動物的影片時，看見牠們會舔傷口讓傷口癒合，所以會覺得這樣是沒問題的吧。

事實上，被飼養的動物們沒有辦法透過舔傷口來治癒自己。寵物會有牙結石，口腔環境不是很好。舔傷口的話，可能會導致進一步化膿。

我們獸醫當然都希望動物和飼主可以健健康康地度過每一天。

如果飼主自己難以判斷，或是真的不放心，無論是再怎麼瑣碎的小事，都可以去一趟醫院。

獸醫揭露——關於疫苗和預防的真心話

①混合疫苗

雖然每年會有許多飼主讓狗狗接種混合疫苗，但實際上，這款疫苗不是「義務」，而是「任意」的。

混合疫苗共有兩種到十一種。可以一次性接種對抗犬瘟熱、犬傳染性肝炎、犬腺病毒II型、犬小病毒、犬冠狀病毒等多種疾病有效的疫苗。

保護狗狗免受傳染病侵害固然重要，但希望飼主注意的是副作用。人類接種新冠肺炎疫苗時，也有很多人深受副作用所困擾，狗狗當然也會有副作用了。

曾經有個案例，狗狗在接種完混合疫苗後，臉部出現腫脹。我們稱為滿月臉，是疫苗引起的過敏反應之一。

雖然光是這樣不會有生命危險，但如果已出現過敏反應仍繼續接種疫苗，可能會引起過敏反應而死亡。

一旦出現過敏反應，下次就不要接種同款的疫苗了。

如果看見飼主因為狗狗的過敏反應，而對接種疫苗感到猶豫的話，有些獸醫會建議：「不要施打A公司的疫苗，施打B公司的疫苗吧。」但是，接種疫苗過後會產生什麼反應是有個體差異的，換一家疫苗製造商也沒有意義。

實際上，有不少狗狗接種完疫苗過後，回報出現皮膚搔癢或免疫介在性貧血。

當然，有很多狗狗接種疫苗也不會有副作用，所以已經都接種了許多疫苗。但大家要了解也是有狗狗飽受副作用所苦。

在接種混合疫苗時，請考量副作用後再做選擇。

雖然我自己對疫苗並不反對，但我的立場是「盡量不要進入身體裡」。說到接種疫苗能不能預防疾病，我不能明確地說「能」。

事實上，除了犬小病毒之外，我還沒有遇過混合疫苗的另外四種疾病。也就是說，這些疾病是很少見的。

與其說是透過疫苗預防的，不如說是日本的下水道整頓和環境改善所帶來的好處。

比方說，有狗狗接種過疫苗，還是感染了犬小病毒。就像新冠肺炎有變異株一樣，犬小病毒也有不同型，但疫苗並沒有囊括所有類型。陷入了「接種疫苗也不一定能預防疾病」的兩難境地。

我們診所提供五種混合疫苗，這是因為有些人沒有接種疫苗會不方便。比方說，動物醫院、寵物公園、寵物旅館等，有些地方沒有接種疫苗是不能使用的。疫苗接種還要花錢。有些獸醫是出於經營角度建議接種疫苗的。如果飼主真的不想讓狗狗接種疫苗（飼主當然可以選擇不接種，因為在日本並未強制），那就必須讓愛心培養一副強壯健康的身體，以遠離疾病侵害。

此外，你也可以透過抗體力價檢測來選擇不接種。

抗體力價檢測是用來查看動物在接種疫苗後，產生的「抗體」在體內還殘留多少。

若抗體力價高的話，就不需要接種過多的疫苗，也可以避免副作用。但是，抗體力價檢測是血液檢查，所以要從狗狗身上抽血。

大多數情況下，每年接種一次混合疫苗，但如果抗體力價高，測出抗體對狗狗的保護力足夠，就不需要每年接種。

另一方面，我建議每年進行一次抗體力價檢測。因為抗體力價會隨著時間的推移而下降。還有一個缺點是無法檢測出所有傳染病的抗體力價。

飼主應充分考量優點和缺點後，再選擇讓愛犬接種疫苗。

②狂犬病疫苗

狂犬病是種會傳染給人的病，一旦出現症狀就會一〇〇%致死。日本國內近五十年來沒有發生狂犬病，所以不用擔心被感染，但在國際上有很多相關案例。也有在海外被狗咬傷，回到日本後才發病的案例。

在日本，每年必須讓狗狗接種狂犬病疫苗一次。但狂犬病疫苗確實也有副作用。

身為獸醫，我負責新潟縣的狂犬病集體接種，雖然數量不多，但每年都有副作用報告。

也有飼主告訴我：「打完狂犬病疫苗後，狗狗的胃口每年都在變差。」或「狗狗看起來懶洋洋的。」

狂犬病不會由人傳染給人，而是由狗傳染給人。仔細想想，這種疫苗是為了避免狗狗傳染給人類，對狗狗來說很可憐。

儘管如此，狂犬病疫苗攸關人類的生命，法律也規定必須接種，所以請嚴格遵守接種規定。

萬一狗狗對狂犬病疫苗出現嚴重過敏症狀，或是重度過敏體質等，想考慮推遲接種疫苗時，請諮詢獸醫。

③心絲蟲症預防

心絲蟲症是一種非常可怕的疾病，狗狗一旦感染，壽命會大幅減少。

關鍵字是「蚊子」。這是一種被感染了心絲蟲症的蚊子叮咬而感染的疾病。

心絲蟲症是如何傳播的呢？

首先，蚊子在感染心絲蟲症的狗狗身上吸血，再去叮咬另一隻狗狗並使其感染。

當蚊子在感染心絲蟲症的狗狗身上吸血時，蚊子體內的微絲蟲就會成長為感染幼蟲。如果這隻蚊子叮咬狗狗並吸血時，感染幼蟲就會轉移到狗狗身上並使其感染。

也就是說，只要有受到感染的狗狗，心絲蟲症就不會徹底消失。

當心絲蟲入侵到狗狗體內，會在皮下組織或脂肪組織中成長一段時間。然後穿過血管，最終到達心臟。

心絲蟲喜歡較粗的血管，所以會寄生在心臟的右心室或肺動脈，越長越大。

在變成成蟲時，它會長到三十公分左右的大小，產下很多幼蟲並增殖。

心臟和肺功能就會因此減弱，並出現症狀。

早期沒有症狀，但不久就會出現咳嗽、易疲勞、乏力、體重減少、浮腫、腹水、咳血等症狀。

當大量成蟲寄生時，通往心臟的粗血管就會堵塞，出現血尿、貧血、呼吸困難等急性症狀，甚至會導致猝死。

作為預防方法，在蚊子的活躍季節期間、與之後一個月，每月服用一次預防藥，同時避免在蚊子多的地方散步或飼養。

心絲蟲症預防藥有多種類型，如口服藥物、點劑型和注射型。我們診所提供的是心絲蟲症的口服藥物。這種藥物在服用後兩、三天就會排出體外，所以對身體的負擔不大。

心絲蟲症預防藥是一種被蚊子叮咬也不用擔心的藥。服用過後，就算被體內帶有心絲蟲幼蟲的蚊子叮咬，也會起到驅蟲的作用。也就是說，這是一種只對心絲蟲症有效的藥物。

持續預防心絲蟲症很重要，希望所有飼主都能做好預防工作。

④預防跳蚤和蜱蟲的藥

開始飼養狗狗以後，也會很擔心跳蚤和蜱蟲的問題。只不過，我對於持續使用跳蚤及蜱蟲的預防藥抱有懷疑。

上一節介紹的點劑型心絲蟲症預防藥物也適用，最近結合心絲蟲、跳蚤和蜱蟲預防的點劑型藥物、或口服藥物越來越普遍。兩者都是一個月使用一次。

正如我剛才提到的，心絲蟲症的口服藥物只對心絲蟲症有效，兩、三天就會排出體外。另一方面，跳蚤和蜱蟲的預防藥物並非如此。一旦給藥，將會在體內持續有效一個月。

效果會持續一個月聽起來像是件好事，但事實並非如此。

跳蚤、蜱蟲預防藥並不像驅蟲噴霧或蚊香一樣，具有讓跳蚤或蜱蟲「不接近狗狗」的效果。即便使用預防藥，也有可能會被跳蚤或蜱蟲吸血。

那它有什麼效果呢？它的原理是「如果被跳蚤或蜱蟲吸血，跳蚤或蜱蟲就會死亡。」簡單來說就是，跳蚤和蜱蟲吸狗狗的血↓吸取的血液中含有驅蟲成分↓跳蚤和蜱蟲死亡。

也就是說，足以殺死跳蚤和蜱蟲的成分將會在狗狗體內停留一個月。

而且，儘管濃度很低，但使用的是用作農藥的藥劑。

一想到自家狗狗有一整個月暴露在農藥中，不得不說狗狗的身體承受著某種負擔。

如果要預防，使用蚊香或驅蟲香草也是一種方法。再來，儘管這可能很困難，但最好的預防藥就是，避免帶狗狗去蚊子多且無人維護的地方散步。

5

最好的臨終關懷

飼主告訴我的三個後悔

Terminal care

想和心愛的狗狗永遠在一起，哪怕只多一分、多一秒。狗狗現在已經是像家人一樣的存在，想和狗狗共度更多時光也是理所當然的，但狗狗總有一天會離開我們的身邊。

狗狗的壽命比我們人類短，所以牠們會先踏上旅途，飼主必然會照顧牠們到最後一刻。

接下來和大家分享，飼主該做些什麼，到時候才不會感到後悔，也能讓狗狗平靜幸福地離開。

作為飼主難道沒有其他做得到的事了嗎？

狗狗長了腫瘤。這對飼主來說是相當沉痛的打擊。

根據我的經驗，**大多數飼主會選擇進行手術切除腫瘤**。

「唉，長了不好的東西。或許對身體是不好的，還是切除掉吧。」

從飼主的角度來看，會這麼想是很自然的。

但請大家試著想像一下。這個手術是一定要做的嗎？做手術對狗狗來說真的是好選擇嗎？

身體處於會長出腫瘤的狀態的話，代表狗狗的身體可能已經很虛弱了。如果是上了年紀的狗狗，那就更不用說了。

動手術是需要全身麻醉的。老實說，全身麻醉是非常可怕的，必然存在風險。

在身體虛弱的狀態下進行麻醉，就算手術成功，也有可能無法承受麻醉而死亡。即便手術順利結束，從麻醉中醒來，也不能完全放心。

我也有類似的手術經驗。當時是為高齡的狗狗做切除眼睛腫瘤的手術。在進行手術之前就吊點滴管理身體狀況。麻醉也是盡量使用不會有太大負擔的組合。手術過程中情況很穩定，手術也順利結束。

手術結束後，要讓狗狗從麻醉中醒來。這些步驟都是經過細心管理的。狗狗也從麻醉中平安醒來，回到病房觀察術後的情況。

我以為一切都很順利，但我發現狗狗的後腿沒有動。

我在手術中並沒有對狗狗的後腿做任何事情，也沒有觸及牠的神經。但牠的後腿沒有知覺了。

實際上就是會發生這樣的事。全身麻醉之所以令人害怕，就是你完全不知道會發生什麼事。

要不要進行手術是由飼主決定的，狗狗沒有辦法自己做決定。

雖然不能一概用年齡來區分，但如果狗狗大到可以承受麻醉，而且還精力充沛，那麼動手術去除不好的東西會比較好。

但體力上有困難時，還要不要積極進行手術，就要慎重考慮了。

因為是惡性腫瘤，可以選擇切除，也可以選擇與它共存。

比起做手術給狗狗的身體帶來負擔，也可以優先考慮「可以在一起的時間」。

飼主經常感到後悔的是「在家的時候，我是不是有更多能為牠做的事呢？」比方說，本書介紹的**背線按摩或足浴都可以減輕狗狗的痛苦。當牠臥床不起時，可以讓牠的腿活動一下，做一些腿部彎曲和伸展運動**。

飼主能覺得自己「該做的事都做了」是非常重要的。

和狗狗互動，只是輕輕撫摸也可以。

飼主可以做的事有很多的。

沒辦法和毛小孩一起度過剩下的時間

狗狗和飼主還有飼主的家人待在一起，會感到很幸福。

如果狗狗臥床不起或需要照顧的話，能陪伴在狗狗身邊是很重要的。

當聽見獸醫說狗狗還有多少餘命，很多飼主會陷入絕望。

儘管如此，直到最後我都不會放棄。

「不會放棄」指的不是想盡辦法維持生命或盡力治療。

從經驗來看，雖然可以大致推估出餘命，但誰也不知道最後一天是什麼時候。在那之前，無論是飼主或是狗狗都要「一起努力」，我所謂的「不會放棄」指的是這個。

無論在什麼情況下，狗狗的眼睛都是閃閃發光的。有時候看著狗狗的眼睛，可以感覺得出牠想表達「我可以再堅持一下」、「我做得到」。我會想尊重狗狗的意志。

但是到了最後，飼主也需要做好心理準備，所以我會好好地告訴飼主。如果事實上「已經救不回來」了，我也願意提供協助，讓飼主知道他也能盡最大努力去做。

最重要的是，我不希望飼主有「早知道就那麼做」的想法。如果有什麼想為狗狗做的事，儘管去做。

雖然不知道狗狗還剩下多少時間，但飼主可以盡他所能的去做。這麼一來，飼主就能有「該做的事都做了」的感覺了。

狗狗也會希望飼主可以陪在自己身邊。

即使到了需要看護的狀態，也會有「我想待在這個人身邊」的想法。請珍惜剩下的時間，盡可能多多與牠們共度時光。

當然，飼主需要工作，也會有各種情況。

重要的不是「在一起的時間長短」。哪怕長時間沒有好好陪伴牠，也千萬不要責怪自己。

終於到了離別的時候，神奇的是，狗狗自己似乎也接受了事實，而我照料過的狗狗都不曾歷經痛苦。

經常聽到有飼主說：「牠撐到我回家，然後安靜地離開了。」我想，狗狗一定什麼都明白的吧。

眼看著與愛犬的離別越來越近，是很煎熬的，希望飼主不要一個人承擔所有事，可以和家人一起為狗狗做自己能做到的事。我們獸醫也會竭盡所能提供幫助。

沒辦法讓毛小孩在宅善終

在我的診所，基本上都是讓狗狗在家裡度過最後一段時光。我希望狗狗們可以在家裡和家人的陪伴下，走完最後一程。

如果在醫院，無論如何都會以延長生命為目的。當然，飼主是相信狗狗會好起來才託付給醫生的，但從狗狗的角度來看，比起醫院，牠更想待在家裡。最理想的情況是，醫院盡了最大的努力，飼主也盡可能實踐想為狗狗做的事，最後全家人一起送牠離開。

這段時間也有很多事讓我有了「狗狗能回家真是太好了」的想法。我一直治療到最後的十二歲米克斯公狗小廉一直臥床不起。牠的褥瘡一路長到脖子，抵抗力低下，非常地虛弱。

「醫生，怎麼辦，牠好像撐不下去了。」

這位飼主說著喪氣話，但還是很努力地餵牠吃飯，盡心盡力地照顧牠。我們有一套體制，飼主在家裡照顧狗狗時，我們可以在一旁協助。在家做臨終照護對飼主和對狗狗來說都是最好的，但也有獸醫可以幫得上忙的事。我們可以提供適當的建議，盡可能讓狗狗舒適且平靜地走完最後一程。

但小廉的情況是連水都沒有辦法喝了，於是我在一旁給予建議：「小廉沒辦法喝水的話，可以用滴管溼潤牠的嘴巴。」因為小廉總是臥床不起，腿動不了，所以可以幫牠揉揉腿、暖暖腿。

對於臥床不起的狗狗，要用熱水袋暖暖肚子，尤其是大腿內側和背部幾乎沒有毛髮的地方。

可以買市售的熱水袋，或是將熱水裝進寶特瓶再用毛巾裹起來的簡易熱水袋也可以。飼主也幫小廉的腿動一動、揉一揉、暖一暖。

因為長時間臥床不起，小廉還得了褥瘡，所以我在一邊提供建議，讓飼主在家也可以做簡單的照護。

如果狗狗得了褥瘡，保持清潔是很重要的。毛髮難免會跑進去褥瘡的部分，跑進去的毛會擴散細菌感染。

所以需要剪短褥瘡周圍的毛。只要剪得比褥瘡的範圍短一～一．五公分，毛就不會跑進去了。

比起剪刀，我更推薦電動理髮器。因為剪刀有可能會不小心劃傷狗狗的皮膚。如果在家裡剃毛有困難的話，請諮詢動物醫院。

請務必要擦拭乾淨，如果有膿有臭味的話，要徹底清洗乾淨。狗狗臥床不起的情況下，很難帶牠去洗澡，所以最好用紗布沾溫水擦拭，然後再用溫水沖洗乾淨。在家裡很難消毒，所以用溫水沖洗就可以了。

在膿液的氣味後，我們獸醫就會進行皮膚修復。要說是怎麼一回事的話，那就是「不吹乾」。

在家裡進行的時候，可以用保鮮膜覆蓋在褥瘡的壓傷上，上面再蓋上緩衝紗布。

為了避免保鮮膜和紗布脫落，可以用醫療用膠帶固定住，但毛髮很多的話，還是有可能會脫落。我不一定會用膠帶，雖然也要考量位置，但我比較常用繃帶纏。

如果褥瘡長到腰上，就會很難纏上繃帶了，我覺得可以讓狗狗穿衣服來代替。

但是，發生感染時，如果用保鮮膜等密封，反而會滋生細菌，請多加留意。是不是有化膿，還請獸醫幫忙評估。

順帶一提，褥瘡容易發生在骨頭突出的部分，具體來說腰和肩胛骨較多。如果要**讓臥床不起的狗狗躺下時，最好使用低回彈墊或可以分散體壓的墊子**。

同樣是臥床不起的狗狗，也有分可以移動的和完全無法動彈的。不能動彈的狗狗很容易長褥瘡，所以最好每兩個小時換一次姿勢，但實際上很難。在能力許可的範圍內，盡可能幫忙翻身換姿勢。

我們把話題拉回小廉身上。飼主一邊工作，一邊和家人盡最大努力去照顧小廉。然後，離別的日子轉眼就到了。

最後一天，飼主出門工作了。而在飼主回家一個小時後，小廉安靜地離開了。

而且，當時飼主、妻子、爺爺、奶奶、小朋友，全家人都在家。飼主告訴我：「我們全家人一起送牠走了。」

飼主做了所有他能做到的事。雖然離別是一件很痛苦的事情，但是我也很感謝這次能讓我幫上忙。

想要沒有遺憾地完成臨終關懷是很困難的。

「我這麼做就好了」、「或許還能做那種事」、「最後沒能陪在牠身邊」等等，說起沒能做到的事就沒完沒了。

但狗狗是很了解飼主的。不管飼主能做什麼、沒能做什麼，狗狗一定能理解飼主的心情。

離別後當然也會感到寂寞。每個人的情況不同，感受也不同。覺得很難過也沒關係。

希望有一天，飼主能笑著回憶起與狗狗一起生活的快樂日子，發自內心慶幸「能一起度過這段時光真是太好了」。

結語

與生俱來的身體修復力

我當上獸醫已經有十六個年頭，經歷了很多事情。我也不是一開始就想著：「我要延長狗狗的健康餘命！」

愛犬利基是讓我決定當獸醫的契機。

利基死於惡性腫瘤。老實說，與我理想中的結局差了十萬八千里。我深切感受到自己作為獸醫力有未逮，也為沒有早點找出病因感到歉疚。「如果能為牠這麼做就好了」、「我身為獸醫應該還有其他能做的事吧」當年心中滿滿的遺憾和後悔，至今仍記憶猶新。

但也不是只有後悔而已。我們每天都很開心地散步、一起玩球、幫牠梳毛，回想起來忍不住就會露出笑容。

另外，還有一隻叫做半藏的貓。

牠去世的時候才七歲。原因不明，事情發生得很突然。為什麼？我忍不住自問。我和半藏也有很多快樂的回憶。牠總是發出呼嚕呼嚕的聲響，最喜歡家人了。

但我們必須接受牠已經去世了，這非常地難受。當時，我也很後悔。是我沒有發現腫瘤。如果早點發現腫瘤，或許就能想辦法挽救了。如果我及早察覺到牠的異常並做出應對的話，或許會有治療的方法。

但我不能光是沉浸在後悔中，我要把沒能為離開的利基和半藏做的事告訴其他人。與其痛苦地死去，不如心滿意足地迎接最後一刻，飼主應該也會感到幸福，慶幸自己能陪伴著牠……

出於這樣的想法，我開始想，是不是有必要讓寵物平靜且沒有痛苦地度過最後一天呢？

而且，**為了讓寵物度過充實的每一天，不要臥床不起，精力充沛地走完一生，我認為延長健康餘命的護理工作是必要的**。

狗狗總是會比我們先離開。所以我們更希望牠能活得老、活得好，哪怕只是多一分、多一秒。

我想這是因為從我們把狗狗帶進家門的那一刻起，我們就把狗狗視為家裡的一分子了。如果是家人，我們自然希望牠健康長壽。

我有兩個年幼的孩子。一個兒子和一個女兒。我真的很愛他們，總是希望他們不要生病。孩子們也很愛爸爸媽媽。孩子們在一定程度上可以自己思考和行動，但在吃飯和做家務方面，還是要由父母來負責。要孩子別生病是不合理的，平時的飲食取決於父母的選擇。父母端出來的餐點，無論喜不喜歡菜色，他們都會吃。

如果把角色換成狗狗，那父母就是飼主。狗狗是孩子。我們不可能叫狗狗不准生病。牠們不能自己做選擇。飼主叫牠們吃什麼就吃什麼。給零食的也是飼主。帶牠出門散步的也是飼主。基本上，飼主準備什麼，牠們就吃什麼。也可以說，如果飼主沒準備，牠們就沒得吃。

狗狗深愛著自己的飼主。把狗狗帶進家門一起生活的過程中，有了家庭，飼主逐漸變成很特別的存在。無論做什麼，狗狗最喜歡的就是飼主了。無論飼主端什麼食物出來，牠們都會吃。當然，有些狗狗也是很任性的。

請飼主仔細觀察你的愛犬。日常生活、飲食、散步、交流……每一樣都很重要。你平時與狗狗的互動方式有助於及早發現疾病。

我並不是要飼主「跟狗狗形影不離」、「目不轉睛地觀察狗狗」。狗狗也有想自己獨處的時候。

但是，你可以參考這本書，來增進和狗狗之間的溝通方式，哪怕只觀察重點也會截然不同。

身體是由吃下肚的食物所組成的。

這句話是在兒子生病後，妻子試圖減藥或斷藥時學到的事情之一。

兒子讓我切身感受到飲食的重要。狗狗和我們一樣，都是由細胞組成的，這些細胞排列在一起，形成器官、皮膚和骨骼。這些東西不是自然形成。打造一具身體需要材料，吃的東西、喝的東西、吸入的空氣……身體吸收的所有東西都是材料。

雖然不會馬上對身體產生影響，但希望大家知道，每天吃下肚的東西造就我們的身體和狗狗的身體。

如果食材好，又適合自己的身體，你難道不覺得可以打造出不輸給疾病的身體嗎？

不輸給疾病的身體，換句話說，就是免疫力很高。即使病毒和細菌等病原體進入體內，身體也會解決掉它們。在病原體深入身體之前就能擊退它們。

疾病是人類靠自己的力量自然治癒的，醫生只是提供幫助而已。

這是古希臘醫生希波克拉底說過的話。他又被尊稱為「醫學之父」。這不僅適用於人類，也適用於動物。獸醫只是在幫忙而已。

治癒靠的是動物自己的力量，也就是自然治癒力。我們原本就具備這種力量，但並不是所有人都一樣強大，而是有強有弱。強大的人繼續保持，孱弱的人可以增強。

最重要的還是飲食，我做了很多診療，非常確信這個道理也適用於狗狗。身體會根據你攝取食物的品質而產生變化。狗狗也是一樣的。

透過運動和緊密的溝通來加深連繫也是很重要的。

就算沒辦法每天都這麼做，只要有肢體接觸，狗狗都能明白。牠們會知道你在想什麼。一定傳達得出去的。

你的愛犬由誰來保護呢？動物醫院的醫生嗎？

不是這樣的吧。獸醫不會保護你家狗狗。最了解狗狗身體狀況的人不會是這個只在看診時碰面的獸醫，而是朝夕相處的飼主。

日常護理的積累可以為狗狗打造一個不容易生病的身體。所以盡可能地陪在狗狗身邊吧。

直到生命盡頭的那一天，可以慶幸「我們能成為一家人真是太好了」。請盡可能地多愛牠們。

獸醫可以做的事情是很有限的。

狗狗就只有你了。

最後，我要感謝給予我執筆契機的出版製作人松尾昭仁、責任編輯野島純子及石井智秋。

寵物診所Zero院長　長谷川拓哉
副院長　長谷川綾

参考文獻

城戸佐登子，林谷秀樹，岩崎浩司，Alexandre Tomomitsu OKATANI，金子賢一，小川益男「犬と猫における長寿に関わる要因の疫学的解析」獣医疫学雑誌2001; 5; 2: 77-88

Environmentally-acquired bacteria influence microbial diversity and natural innate immune responses at gut surfaces .BMC Biology 2009 Nov 20; 7(1): 79

Miho Nagasawa, et al. Oxytocin-gaze positive loop and the coevolution of human-dog bonds . SCIENCE 15 Apr 2015; 348: 333-336

小暮規夫「動物たちの嗅覚と行動」日本鼻科学会会誌vol37 1998

日文版STAFF

日文版封面插圖：くにのいあいこ
內文插圖：じゅん
內文設計：岡崎理恵
企畫協力：松尾昭仁／ネクストサービス株式会社
編輯協力：樋口由夏

一起來　好 024

狗家長必備！愛犬一生健康手冊

從「醫、食、住」三方面，和狗狗快樂生活的祕訣

作　　者　長谷川拓哉
譯　　者　林以庭
主　　編　林子揚
責任編輯　林杰蓉

總 編 輯　陳旭華 steve@bookrep.com.tw
社　　長　郭重興
發 行 人　曾大福
出版單位　一起來出版／遠足文化事業股份有限公司
發　　行　遠足文化事業股份有限公司 www.bookrep.com.tw
　　　　　23141 新北市新店區民權路 108-2 號 9 樓
　　　　　電話｜ 02-22181417　傳真｜ 02-86671851
法律顧問　華洋法律事務所　蘇文生律師

封面設計　林采瑤
內頁排版　邱介惠
印　　製　通南彩色印刷有限公司
初版一刷　2023 年 6 月
定　　價　380 元
I S B N　9786267212226（平裝）
　　　　　9786267212219（EPUB）
　　　　　9786267212202（PDF）

AIKEN NO JYUMYOU GA NOBIRU HON
by Takuya Hasegawa

Originally published in Japan by SEISHUN PUBLISHING CO., LTD., Tokyo.
Complex Chinese translation rights arranged with
SEISHUN PUBLISHING CO., LTD., Japan.
Through Lanka Creative Partners co., Ltd., Japan and AMANN CO.,LTD.

國家圖書館出版品預行編目（CIP）資料

狗家長必備！愛犬一生健康手冊：從「醫、食、住」三方面，和狗狗快樂生活的祕訣 / 長谷川拓哉著；林以庭譯 . -- 初版 . -- 新北市：一起來出版，遠足文化事業股份有限公司，2023.06
224 面；14.8×21 公分 . --（一起來好；24）
譯自：愛犬の健康寿命がのびる本
ISBN 978-626-7212-22-6（平裝）

1. CST: 犬　2. CST: 寵物飼養

437.354　　112002452